球化视野下的生产者责任

——电子废物跨境转移及我国的对策研究

童 昕·著

吉林出版集团股份有限公司

图书在版编目（CIP）数据

全球化视野下的生产者责任：电子废物跨境转移及我国的对策研究 / 童昕著. -- 长春：吉林出版集团股份有限公司，2015.12（2024.1重印）

ISBN 978 - 7 - 5534 - 9794 - 5

Ⅰ. ①全… Ⅱ. ①童… Ⅲ. ①电子设备－废物管理－研究－中国 Ⅳ. ①X76

中国版本图书馆 CIP 数据核字（2016）第 006897 号

全球化视野下的生产者责任——电子废物跨境转移及我国的对策研究

QUANQIUHUA SHIYE XIA DE SHENGCHANZHE ZEREN——DIANZI FEIWU KUAJING ZHUANYI JI WOGUO DE DUICE YANJIU

著　　者：童　昕

责任编辑：矫黎晗

封面设计：韩枫工作室

出　　版：吉林出版集团股份有限公司

发　　行：吉林出版集团社科图书有限公司

电　　话：0431－86012746

印　　刷：三河市佳星印装有限公司

开　　本：710mm×1000mm　　1/16

字　　数：196 千字

印　　张：12

版　　次：2016 年 4 月第 1 版

印　　次：2024 年 1 月第 2 次印刷

书　　号：ISBN 978 - 7 - 5534 - 9794 - 5

定　　价：62.00 元

序

我终于看到童昕的博士论文出版，非常高兴。在她前面和后面毕业的学生，有几篇博士论文都早就出版了，而她过了十多年才翻出来出书，仿佛是要用时间来证明什么似的。

童昕是跟我时间最长的学生，师徒缘深。1997 年她做本科毕业论文时就跟我一起，骑着自行车在中关村走访民营科技企业，当时这些企业还在市场经济转轨的夹缝中求生存。她对边缘人群的特别关注也许就起源于那时的访谈经历吧。

1998 年，我开始主持国家自然科学基金项目，用西方的"新产业区"理论解释中国的专业化集聚现象。我的研究团队认真研读大量英文文献，同时兵分两路进行实地调研。一组调研珠三角外向型加工业，另一组去浙江调研"块状经济"。童昕参加了第一组，和几个师兄弟一起去深圳、东莞和惠州的电子产品制造区域，前后调研了几个月。那时，我们团队将国外理论与调研体会结合起来，经常热烈地讨论，模糊的认识逐渐得到统一，写出了《创新的空间——企业集群与区域发展》这部重要著作。那时还是硕士生的她勤奋地学习和钻研理论，又有实地调研积累，在这本书中写出了有深度见解的章节。

2000 年，我在东莞举办了国际地理联合会（IGU）工业空间组织委员会的学术年会。我忙于办会的事务，而她抓住机遇，将调研结果写成英文论文，并在会上做了发言，给到会的国际专家留下了比较深刻的印象。那次会议的主题是"知识、产业与环境"，几个大会主题发言都与环境议题有关。我想那次会议对她后来的成长影响很大。其实，她对产业生态学的特殊感情，在她读研究生的早期所发表的一篇论文《可持续发展与生态工业革命》中就已经展现出来了。

2001 年，她的博士论文选题是令我非常意外的，因为她那时已经写了关于新产业区、地方创新环境、产业群（产业集群）的多篇学术论文，并参编了我主持的"中国三大电子信息产业集群"等几个课题的研究报告,我以为她顺理成章会沿着这个工作积累完成博士论文。可是她却把研究转向了电子产品消费后的废物问题。我当时不太确定她真的能完成这样一个全新的选题,但是看到她立意执着,也就放手让她去研究了。

我高兴地看到,童昕在研究电子废物跨境转移及我国的对策的过程中,从发展中国家存在的问题出发,明确了三个分析视角,即从全球联系的深度和广度考察产业活动,从地方角度来看技术创新与制度变迁,以及注重"自下而上"的内生发展过程,这和我在长期学术研究中所持有的视角相当一致。她创造性地把废物再生利用和环境无害化处理嵌入全球化的背景中,分析和理解特定地方条件下技术创新和制度演化的联系,提出需要重视"自下而上"的对策。今天来看,中国制造业面临产能过剩、结构调整的重重压力,生态环境已经不堪负荷,十几年前这篇论文的价值凸显出来了。

2003 年,童昕以优异成绩获得博士学位,留在北大任教,她在文献把握、实地调研、论文撰写等方面能力都很突出,很适合在学校里从事教学科研工作。废物问题传统上不属于产业地理的研究范畴。她有自己的学术追求,我也很高兴支持她继续探索。她 2004 年获得 Henry Luce 基金的资助访问耶鲁大学产业生态学中心,进一步在学术方向上将她引向了环境和可持续发展的领域。现在,她在经济地理学与产业生态学的交叉领域已经开拓出了一片新的领地,这是她刻苦努力的结果,也没有辜负北大这些年的培养。另外,她在产业集群、高科技产业、技术创新和文化创意产业等领域也有很好的知识积累,能够在很多相关领域继续提高。

童昕今年将步入不惑之年,我仿佛还可以看到当年那个中学生似的小女孩,渐渐在三尺讲台上走向成熟和自信。所谓"文以载道",学术进步不仅发源于兴趣,而且根植于对人类普遍的真善美的价值追求和对社会责任的体察。我希望她能沿着自己选择的方向不断进步,并相信她能获得更高的学术造诣。

2014 年 12 月 28 日

前　言

促进电子废物的无害化与再生利用已成为一个全球性的课题,其发展对我国有着特殊的影响。一方面,我国是全球电子废物转移的主要目的地之一,沿海进口电子废物加工处理活动活跃,由此带来的环境保护与地方经济发展的冲突非常突出;另一方面,我国电子制造业发展迅速,电子信息产品已经成为我国最大的工业出口产品,发达国家的电子废物管理制度将直接影响我国电子产品制造业的国际竞争力。研究电子废物的全球转移及我国的对策具有很强的现实意义。

废物问题作为与现代大规模"生产—消费"模式相伴生的问题,在发达国家经历了长期的探索与争论,其技术解决方案和社会治理机制对发展中国家的实践也产生了深刻影响。延伸生产者责任制度(Extended Producer Responsibility,EPR)体现了超越废物处置的末端环节,从产品整个生命周期系统化解决废物增长和废物处理困境的指导思想,已经成为当今基于产品责任的环境治理模式的重要原则之一,不仅在欧洲、北美、日本等发达国家广泛采用,而且正在被包括中国在内的越来越多的发展中国家所采纳。不同于发达国家的EPR制度从包装材料等大宗废物的治理入手,逐步延伸到汽车、电子产品等复杂产品上,我国的EPR制度率先从电子废物的管理起步,这与我国电子产品国际市场份额的快速增长有着紧密联系。正是因为近些年来,我国在电子产品领域建立起强大的全球市场竞争力,这一领域感受到来自海外市场的环境管制和标准的压力也特别突出,企业也为之做出了积极的应对和努力,并进一步影响到国内的环境管制立法和实践。近年来国内废物管理问题的压力也日渐增长,并演化为各地层出不穷的,以"邻避效应"(Not-In-My-Back-Yard)为特点的,针对各种垃圾处理设施建设的群体性抵抗事件,使得对废物管理制度建设的探索变得更加紧迫。

在全球化背景下,环境治理模式正在经历两个重要的转变,一个是管制结构的地域尺度重构，也就是从原本基于国家疆界的管制框架向全球化的跨国体系，以及基于地方和区域的多层级互动模式转变；另一个是管制措施本身从传统的污染过程控制向全生命周期的产品责任转变。前者加速了各国环境治理模式向所谓的"全球最佳实践"（Best Practice）靠拢，后者则促进了管制手段的系统化和多元性。这两种趋势加剧了全球环境治理体系的复杂性，令发展中国家环境治理机制的演化更趋复杂。

本书脱胎于笔者的博士论文，原稿写于2002—2003年。当时电子废物管理问题刚刚进入国人的视野，我在文中详细论述了电子废物问题与电子产业技术创新及生产全球化过程的关系，分析了发达国家将延伸生产者责任原则应用于电子废物管理对电子产业创新、生产和消费模式可能产生的影响，以及典型国家和地区的管理实践经验，并结合中国电子废物管理制度中的一些热点议题重点介绍了EPR制度发展中的一些重要的争论。

由于撰文之时，缺少有关电子废物可靠的正式统计数据和系统记录资料，当时主要采用实地调查访谈的方法，走访了国家电子废物管理的主要相关部门，并在北京、上海、宁波、深圳、东莞、青岛和苏州等地访谈了数十家电子产品生产企业和电子废物拆解回收利用企业，调查了解我国电子废物问题的现状和相关政策措施的发展过程，分析了在我国的电子废物管理制度中借鉴发达国家延伸生产者责任的可行性，并结合各相关主体对这一问题的态度，总结了我国电子废物管理制度"自上而下"的管理模式所存在的主要障碍，以及不同地区"自下而上"的自发探索与实践活动中的有益经验，最后提出在我国建立以生产者为中心的电子废物综合管理制度对于保护环境、提升电子产业环保技术创新能力和促进再生资源产业发展三大目标的意义和实施框架。这种扎根现实的定性研究方法，近些年来在人文社会科学领域日益受到重视，其特点是强调在研究过程中发现问题，概念和理论来源于现实观察，并且研究结果具有较强的社会关联性。

距离原文成稿十多年过去了，EPR制度在我国有了突破性的进展。2008年《中华人民共和国循环经济法》将延伸生产者责任（EPR）原则正式引入我国环境立法框架，《中共中央关于制定国民经济和社会发展第十二个五年规划的建议》也将EPR认定为推动我国生产和消费全过程中的循环经济发展的关键组织途径之一。国内汽车、电子产品和包装等不同领域均以各种形式尝试开展了基于 EPR 原则的立法或试点项目，其中电子废物管理领域发展最突出。2007 年，工业与信息化部牵头发布了《电子信息产品污染控制管理办法》，作为与欧盟限制电子产品中有毒有害物质使用的 RoHS 指令相对应的中国电子产品生态设计的法律措施。要求纳入强制目录的电子信息产品的有害物质含量必须达到限量要求。欧盟的 RoHS 指令主要是从废物管理中的问题出发，确定生产者需要在产品中限制使用的有害物质，包括重金属和几种溴化阻燃剂。原本是与电子废物回收管理的指令一体的，因此被看作基于 EPR 的电子废物管理体系的组成部分。但中国生产先行，因此有害物质限量的管理率先启动，而相应的电子废物正规化回收处理却举步维艰，试点的正规化处理企业均因无法从市场上获得足够的电子废物供应，而陷入无米下炊的困境，凸显了发达国家与发展中国家在废物管理问题上的根本差异，前者废物管理体现的是公共服务的价值，而后者废物管理很大程度上还主要受再生资源市场价值的左右。

2009 年以刺激内需为目标的家电以旧换新政策为中国正规电子处理企业的发展带来难逢的发展机遇。由于以旧换新要求购买者将废弃淘汰的产品交给指定的正规化处理企业处理，方能获得补贴，正规化处理厂的处理需求突然暴增，有资格的定点处理企业从不足 10 家跃升到 100 多家。家电以旧换新项目 2011 年终止，正规化的家电拆解处理已形成产业规模。由此，《废弃电器电子产品回收处理管理条例》（国务院令第 551 号，以下简称《条例》）作为电子废物管理的长效机制顺势实施。《条例》规定建立废弃电器电子产品处理目录制度、基金制度、处理企业资格许可制度等，规定由电器电子产品的生产者根据所生产的产品数量缴纳基金，用于补贴有资质的处理企业，体现了 EPR 制度要求生产者承担一定的废物管理经济责任的原则。

笔者在国家自然科学基金的资助下，对 EPR 制度在中国的发展历程开展了持续的跟踪研究。今天重新翻开早年的这篇博士论文，反思自己所观察到的制度建立过程，以及我个人的研究历程，可以清楚看到走过的路径和当初的期待并不一样，但当初的方向却实实在在影响着后来的轨迹。此次决定将论文整理出版，一方面，将当时的观察和思考呈现出来，作为与现实发生的轨迹对比的参照；另一方面，文中的一些理论探讨，今天看来，对实践中的一些困境依然有参考意义。出于对历史的尊重，此次出版只对原稿做了文字修订，我自己在校稿过程中对部分内容有了新的反思，也以"作者注"的形式加在脚注中与读者分享。本书作为我的国家自然科学基金项目研究的系列出版物的起始篇，也许恰好印证了那句"不忘初心，方得始终"的老话吧。

童 昕

2014 年 12 月 24 日于智学苑

目　录

第1章 导 言

1.1 研究背景

电子信息技术在过去几十年里发生了突飞猛进的进步，给人类社会的生产生活方式带来了深刻的变革[1,2]。特别是近二十年来，以个人计算机等高科技信息技术产品为代表的电子产品生产，不断追求技术创新，形成了一个以时间控制为核心的全球化生产网络[3]。厂商推行有计划的产品淘汰策略，通过快速的技术变革和价格下降促使这类产品的使用寿命大大缩短[4]，很多产品在远未达到其材料实际能够使用的年限之前就面临被用户抛弃的命运。这种技术创新推动下的"生产—消费"模式在大幅度提高生产效率、改善人类生活状况的同时，也带来了不少环境和社会问题，大量电子废物的产生就是其中之一[5~7]。2002 年 2 月 25 日，巴塞尔行动网络和硅谷毒物联盟联合发表了针对以美国为首的发达国家向亚洲发展中地区出口电子垃圾的调查报告，揭露了信息技术革命光环背面不为大众所知的电子废物跨境转移的黑幕，中国的一些沿海乡村作为这一调查关注的重点，受到世人关注[8]。

近年来，越来越多的国家开始探索电子废物管理的新途径，以激励电子产品生产厂商、消费者和回收处理企业改变技术创新和生产消费的既定模式，降低产品整个生命周期内，包括废弃后的废物处理过程中的环境影响。针对电子废物问题所采取的一系列管理措施不仅会影响到各国的电子废物回收与处理活动，也将直接影响电子产业的国际竞争[9]。

中国正在成长为世界重要的电子产品生产国和消费国。2002 年中国电子信息产品出口额突破 900 亿美元，约占全国外贸出口的 28%，中国的电子信息产品制造业规模已经跃居世界第三[10]①。中国加入 WTO 以后，包括环境保护标准在内的各种非关税贸易壁垒越来越受到国内生产企业的关注。同时，国内电子产品的快速普及也促使管理者开始重视本地电子废物的管理问题，据中国家用电器研究所的预测，2003 年中国将开始进入废旧家用电器更新换代的高潮。其中经济发达的大城市面临的压力尤为严峻，仅北京市每年产生的电子废物就超过 5000 吨[11]，而环境管理水平和处理技术远远不能满足实现废物再生利用和环境无害化处理产业化运作的需要。合理解决电子废物问题成为我国电子产业发展中不可忽视的一项任务[12]。

1.1.1 经济发展中的废物问题

电子废物问题集中反映了现有经济发展模式下，废物管理与生产消费过程相割裂所带来的矛盾——经济发展似乎总是不可避免地带来废物的增长。20 世纪末的 20 年中，我国进入了前所未有的快速工业化和城市化发展阶段，废物问题伴随着"生产—消费"模式的转变而凸显出来。1998 年中国城市生活废物总量达到 1.5 亿吨，平均每个城市居民每天产生约 1 千克废物，已经接近部分发达国家水平[13]。其中大城市废物年增长速度超过 10%[14]，远远高于城镇人口平均增长速度②。工业废物的产出量更是逐年增长，年产量超过城市生活废物量的 5 倍。1994 年全国固体废物累积堆存占地达到 5.57 万公顷，其中净占耕地 3800 公顷[15]。"垃圾围城"现象成为困扰中国城市化发展的一大难题。政府和企业为废物的收集、存放和无害化处理所做的投资逐年增加，却远远跟不上废物增长的速度。

同时，与经济发展中的废物危机相对应，废物的再生利用活动正在发展成为全球一项越来越重要的经济活动。目前世界上主要发达国家的再生资源回收总值已达到一年 2500 亿美元，并且以每年 15%～20% 的速度增长。全世界钢

---

① 新世纪中国电子信息制造业的出口比重持续快速增长，2013 年占全国外贸出口比重已达 35.3%，增速远远高于同期全国外贸出口增长水平，对全国出口增长的贡献率超过 50%（资料来源：工业与信息化部网站，http：// www. miit. gov. cn/n11293472/n11293832/n11294132/n12858462/15861596. html）。

② 按照中国统计年鉴（2002）计算 1990—2001 年中国城镇人口总数年增长率约为 4%，而按照世界资源研究所估计的中国 2000—2005 年的城镇人口年增长速度为 3%。

产量的 45％、铜产量的 62％、铝产量的 22％、铅产量的 40％、锌产量的 30％、纸制品的 35％来自再生资源的回收利用。发展再生利用不仅是解决废物问题，降低经济活动环境影响的重要措施，也成为不少地区对抗地方经济萧条、促进社会发展和增加地方就业的有效途径[16]。

基于发达国家废物管理的经验，研究者和政府都越来越认识到从根本上解决废物问题必须系统改革现有的"生产—消费"模式，将其引向基于可持续发展综合目标的"自然资源—产品或服务—再生资源"的循环型经济①发展模式[17,18]。甚至有人将"循环经济"与"知识经济"并列为新世纪人类经济发展的两大方向，主张从立法、技术引进、产业政策等各个方面推动我国"循环经济"的发展[19,20]。

废物问题仅仅是我国经济发展过程中出现的众多生态环境危机的一部分。作为发展中国家，我国改革开放以来，"七五""八五""九五"期间，环保投资（主要是污染治理）不断增长，虽然每年的投资总量还未达到 GDP 的 1％，但这已使许多政府部门和企业感到巨大的经济压力。传统的环境保护思想，将环境保护与经济发展割裂开来，有关环境问题的讨论很大程度上仅仅局限在自然和技术领域，而较少涉及更广泛的社会文化层次[21]。这种状况伴随着人们对环境危机的认识不断深入而出现改观。

工业化社会日趋严重的废物问题是与大规模生产、大规模消费和大规模废弃的现代化"生产—消费"模式紧密联系的[22]。从历史学和社会学的角度来看，这种模式在构建过程中逐步深入地塑造和改变着日常社会生活中人们对废物的理解和处理行为[24]。发展模式转型，比如从大规模生产模式转向基于知

---

① 循环经济（Circular Economy）的概念来自 Pearce 和 Turner[23]，最初是从环境经济学的角度提出改革原有线性的经济系统分析框架，将环境提供的产品和服务纳入经济系统分析之中，从而将经济过程描述为一个闭合的物质能量循环过程。循环经济后来演变为一种政策目标，包含在社会可持续发展目标之内。如德国的循环经济（Circular Economy）概念，日本的循环型社会（Recycling-Based Society）概念，以及我国学者使用的"循环经济"概念。按曲格平[17]的定义，"循环经济，就是把清洁生产和废弃物的综合利用融为一体的经济，本质上是一种生态经济，它要求运用生态学规律来指导人类社会的经济活动。按照自然生态系统物质循环和能量流动规律重构经济系统，使得经济系统和谐地纳入自然生态系统的物质循环过程中，建立起一种新形态的经济"。这一定义强调经济系统物质、能量梯次和闭路循环使用的特征，以及经济活动中"自然资源—产品和服务—再生资源"的反馈式流程，强调原料和能源在这个不断进行的经济循环中得到合理利用，从而使经济活动对自然资源的影响控制在最低限度。

识经济的弹性专业化生产模式①，是否有利于促进废物减量和提高再生利用水平？或者从更广泛的角度来说，这种转型是否有利于解决工业化所带来的环境污染问题？对此，发达国家的环境保护主义者中间存在着不少争议。一些研究反映出近几十年来发达国家经济发展的非物质化趋势[25~29]。这种趋势与发展模式的转变具有内在联系，弹性专业化生产拉近了生产者与消费者的距离，使得生产者能够针对消费者的个性化需求，灵活地改变产品设计，并根据市场需求确定产量。这种生产模式衍生出大量基于信息搜集与知识创新的服务行业，同时减少了大规模生产的盲目性，因而客观上降低了单位 GDP 的物质能量消耗密度。一些研究还进一步表明，新的弹性化生产模式有利于提高企业的绿色技术创新能力，从而改善企业经营活动的环境状况[30,31]。

然而，基于发达国家的研究很大程度上忽视了经济活动全球转移的影响，发达国家不仅继续依赖发展中地区输出自然资源，而且在跨国公司的控制下，不少产品的大规模生产加工过程事实上从发达国家转移到了发展中地区。讨论经济活动非物质化显然需要建立全球物质流的整体分析框架[32]。从全球经济来看，物质和能量消耗的绝对数量保持着增长的趋势，而弹性专业化生产模式在促进生产者积极响应市场需求和技术变化，推动现代社会的消费主义倾向方面与依靠政府宏观经济政策推动社会消费扩张的传统大规模生产模式相比反而

---

① 弹性专业化生产模式（Flexible Specialization）是针对福特制大规模生产模式（Fordism mass production）而言的，有关福特制大规模生产模式向弹性专业化生产模式转型的讨论主要来自法国管制学派（Regulation School）和美国结构主义学派（Social Structure of Accumulation）。两者均秉承马克思主义政治经济学传统，具有不少相似性。其基本观点是：资本主义存在不同的发展模式，对应不同的技术经济范式（Techological Paradigm）、资本积累模式（Regime of Accumulation）和相应的管制模式（Mode of Regulation）。19 世纪 30 年代以来，泰勒制科学管理革命带来了资本积累方式的变革，工厂通过大量雇用非技术工人，大规模制造标准化产品，极大地提高了劳动生产率。在此基础上建立起凯恩斯经济政策及公共社会福利政策。以创造大量稳定的就业岗位，使社会大众有能力消费大规模生产出来的商品。由此在社会资本循环过程中，国家利用宏观经济政策促进消费扩张，以保证产品市场需求和劳动力市场需求的相对稳定，在满足资本扩大再生产需要的同时，寻求资本与劳动之间的某种平衡。"二战"后虽然不同国家采用凯恩斯政策的程度或社会福利水平存在差异，但或多或少都通过政府部门扩大公共福利支出，缓解了国内的劳资大规模冲突，并带来发达资本主义社会长达 30 年稳定发展的黄金时期。然而自 70 年代末 80 年代初，这种发展模式的危机开始逐步显现。资本主义生产模式的全球扩张使得世界市场竞争日趋激烈，技术变革进一步加剧了生产能力过剩的问题。为了维持高额利润，企业开始重视不满足于购买标准化产品的消费者的需求，不断开辟市场缝隙。信息技术的发展使得企业能够更快地搜集和传递市场、技术信息，更加有针对性地迎合特定消费者对产品质量和个性化的需求，越来越多的企业逐步脱离大规模生产方式，转向追求灵活精简的弹性专业化生产模式。由此，也带来管制模式的相应变化。80 年代以来发达资本主义国家的社会福利制度改革，劳动场所管理方式的变革，以及跨国贸易关系和生产组织变化都与这种转型有关。

有过之而无不及[33,34]。

改革开放以来,我国工业系统经历了重大的结构调整。市场化改革和对外开放促使企业的生产组织形式、地方经济发展模式和政府管理方式都发生了巨大变化。这些变化也影响到废物问题及其管理政策。一方面,我国在从计划经济向市场经济转轨的过程中,技术和市场变动推动着社会"生产—消费"模式的改变,短缺经济时代的节俭传统在短短十几年的时间里,在经济较为发达的城市地区渐渐淡化,大规模生产、大规模消费和大规模废弃的发展模式迅速蔓延;另一方面,原有计划经济下以资源节约为基本目标的正规化废旧物资回收利用体系在市场经济转轨中也受到极大冲击,而基于市场化自发形成的分散的、小规模再生利用活动却难以适应"生产—消费"模式的新发展。同时,我国作为发展中国家,产业国际转移和跨国废物贸易对我国的地方经济发展和环境问题也产生诸多影响。

国内"循环经济"的倡导者尽管认识到从源头解决废物问题,必须关注整个"生产—消费"过程的改造,但是由于经济发展的阶段性限制,以及存在部门之间的分割,现实中促进废物减量化和再生利用的政策措施却很难得到贯彻执行,不论是引进技术还是效仿发达国家的管理手段,"循环经济"很大程度上还是作为一种依靠国家"自上而下"推动的被动的环境保护政策目标,而难以同市场经济转轨过程中"自下而上"的地方经济发展结合起来,甚至由于与地方经济发展目标相冲突而受到抵制。事实上,"循环经济"发展模式的实施与整个社会转型大背景之间是紧密联系的,脱离地方背景,仅仅关注技术层面的改革是不够的,应当将更多的目光投向技术创新背后的制度基础,特别是不同地方背景下技术与制度变迁相互影响的动态过程。

1.1.2　研究目的和意义

本研究主要目的在于从工业地理的视角研究废物管理制度变迁与环境保护技术发展之间的关系,特别是发展中国家和地区在废物跨国转移、处理技术引进和管理制度移植方面所面临的特殊挑战,从而有助于理解我国废物管理制度的演变及其与经济发展之间的关系。全书集中论述了电子废物的全球转移及我国应对政策的演变,其宗旨在于将电子废物问题与我国电子产业结构调整的历史背景结合起来，从地方经济发展的角度探讨环境保护目标与产业发展相协调的可行道路。

有关电子废物的跨国贸易及国际管制的争论与电子产业的全球转移和国际市场竞争有着紧密的联系。电子废物管理制度创新不仅会影响到再生利用产业的发展，也将导致电子产业自身创新、生产和消费模式的转变。保护环境和提高电子产业国际竞争力对大多数国家来说都是建立电子废物管理制度中需要权衡处理的两大基本目标。

电子信息产品制造业是我国对外开放较早，开放程度也比较深的行业，并且已经成为我国最重要的出口产业。国内电子企业在与国际企业的竞争与合作中，自身的产业组织形式发生了很大的变化，并逐渐参与到全球生产的分工体系中。由于开拓海外市场以及参与跨国公司供应链的要求，企业所面临的来自发达国家的环境管制和绿色贸易壁垒的压力也特别强烈，并极大地促进了国内产业界和政府部门对这一问题的关注，截至 2000 年我国所有通过 ISO 14000 环境标准认证的企业中，电子企业占到 71%，远远高于其他行业[35]。发达国家电子废物管理制度的新发展也正在引起我国电子产品生产企业的重视。我国目前正在进行的电子废物管理的探索和实践必然会对解决经济发展中的废物问题具有广泛的借鉴意义。

1.2 研究综述

电子废物问题在现代工业化社会"生产—消费"模式所导致的日趋严重的废物问题中极具代表性。大规模生产、大规模消费、"用过就扔"的文化盛行使得废物问题逐渐成为现代社会，特别是城市社会的痼疾之一[36]。事实上，废物的循环利用在人类社会中有着悠久的历史。在以家庭为基本经济单位的农耕社会，为了维持小规模的家庭经济持续运行，一家一户必须做到物尽其用，"再利用"是资源循环的基本途径。而奢侈的消费行为仅仅局限在少数上层社会的贵族中间。从 19 世纪末到 20 世纪 70 年代，随着西方大规模工业化生产模式迅速扩张，福特主义的积累制度在世界经济中逐步取得了垄断地位，并带来大众消费社会的兴起[37]，由此，人类社会废物的产生和处置方式也开始出现重大转变[24]。

废物问题伴随着世界范围内不断扩张的所谓现代化"生产—消费"模式也出现全球化的趋势。"二战"以后，随着环境保护主义思潮的兴起，发达国家对这种不可持续的生产消费模式的反思从技术领域扩展到制度文化领域，并逐步深入地探索着某种所谓"生态现代化"的系统改革道路[38]。这些探索实践又通过发达国家向发展中国家的技术和制度传递过程影响着发展中国家工业化道路上的技术演化路径。这种影响在不同的地方社会制度、文化背景之下的表现千变万化，并且与发展中国家自主的探索和学习过程相互交织，从而在看似雷同的发展道路中表现出丰富多彩的地区差异。

本节将沿着技术创新与制度演化的关系这一中心线索综述发达国家废物问题的相关研究，及其对发展中国家废物问题和管理制度的影响，并提出工业地理学在分析这一问题中所持的独特视角——围绕产业活动的区位变动分析区域内在的"自下而上"的制度建构过程与外来的"自上而下"的技术和制度传递过程之间的关系。

1.2.1 废物问题与工业系统再造

20 世纪 60—70 年代以来环境保护主义在西方发展迅速，并成为一支重要的社会力量。越来越多的环保主义者对现代工业化发展模式的不可持续性提出了尖锐的批评。工业化社会的生产和消费过程中产生大量有毒有害废物，包括废气、废水和废渣等，对自然环境造成巨大破坏。尽管废物管理并非现代社会所特有，但是工业化发展所带来的废物问题却是传统社会所无法比拟的。1976年，罗马俱乐部发表的报告《超越废弃物的年代》是最早从局限于关注微量污染物质排放转移到关注大量废弃物问题的研究之一[39]。该报告尽管未能像同一时期发表的《增长的极限》那样引起广泛的社会关注，但是历史发展证明其中不少见解是很有预见性的。大量的废弃物已经对地球环境造成了严重威胁，地球吸收人类活动所产生的成千上万吨废物的能力并非像人们所幻想的那样永无止境。根据热力学定律，人类活动必然会产生以能量或物质形式存在的废物[40]，按照强可持续性的要求，不能允许废物在自然界持续积累[41]，因此需要采取有效措施对废物进行管理，减少人类经济活动所排放的废物对自然环境的干扰。

环保领域对待废物问题的态度反映了环境保护思想的演变。20 世纪 70 年代以前，环境保护往往处于同工业发展相对立的地位，采取的主要是限制废物排放，强制对有害废物进行排放前处理等被动途径，这种环保观念又被称为"浅绿色"的环境保护主义。20 世纪 70 年代以来，环保观念出现了重要转变，被动的、局部性的环境保护观念开始转向积极的、整体化的改造思路，环境保护目标与经济发展结合起来，使"浅绿色"的环境保护主义发展成为"深绿色"的环境保护主义[42]，这种转变体现在工程技术、环境保护立法、工业系统分析[43]等诸多方面，并且突破环境保护研究的疆界，对公共管理政策、城市规划研究等众多领域产生广泛影响[44]。

从发达国家废物管制模式的演变来看，在过去 30 年中，废物问题的焦点从工业生产阶段转向社会消费阶段[45]。这种转变是与管制模式的变化相对应的（表 1-1）。

表 1-1　环保思想、环境管制模式与工业系统的演变

Table 1-1　Changing of the environmental protection thoughts, the modes of regulation, and the industrial system

阶　段	环保思想	环境管制模式	工业系统特点
萌芽阶段（20 世纪 60 年代以前）	环保思想萌芽，力量薄弱	政府管制缺乏	大规模消耗物质能源，大量排放废物的工业活动几乎不受约束
发展阶段（20 世纪 70 年代）	环保主义发展壮大，并与工业发展相对立，有时能占据上风	民众的环保意识增强，政府开始对环境污染采取积极的限制措施	破坏环境的工业活动开始受到限制，但大多属于被动接受
普及阶段（20 世纪 80 年代）	环保主义思想在发达国家被民众广泛接受	在发达国家，多样化的经济和政策手段开始用来为环境保护目标服务	工业企业开始将采取环保措施作为赢得企业良好公众形象的重要手段
深化阶段（20 世纪 90 年代至今）	环境保护与经济发展加强对话与协调	探索将可持续增长模式制度化的途径，通过提升公众对环境知识的了解和关注，减少政府管制力量，提升公众舆论和市场竞争的作用	环境保护目标更为全面系统，并且成为重要的技术创新激励因素，企业的环境责任进一步延伸

在工业发展占据主流地位的阶段,产业界的实力强大。对生产阶段的排放控制主要通过政府颁发强制禁令或制定严格的排放标准。随着工业生产阶段的废物排放问题得到有效控制,同时社会公众的环保意识不断提高,废物问题的解决方案逐渐向产品设计阶段的源头控制演变。厂商开始通过市场宣传提升自身的社会形象,加强与公众的环境知识对话与交流,同时利用消费者选择产品的市场压力促进技术创新和产品改良的激励作用越来越强大,市场压力已经逐渐超越政府行政管制的作用,使得企业以更加积极的态度参与社会的环保行动。

(1) 从生产过程的污染控制到生命周期评价——工程技术领域的革新

首先,从技术发展的角度,伴随着环境保护观念的发展,20 世纪 70 年代在环境管理和工程技术领域出现了生命周期评价(LCA,Life Cycle Assessment)的理论和方法,并逐渐衍生出一套广泛的方法体系来评价产品、工艺、服务或活动产生的生态影响和环境负荷,它采用系统化的方法对产品和服务在整个生命周期中消耗的物质、能量,以及释放到环境中的废物进行定量化的评价[46~50]。这一思想方法在欧洲得到大力推行[51],并被 SETAC、ISO 1404x 等重要的国际性环保标准所采纳。

生命周期评价将片断化的环境影响分析转变为"从摇篮到坟墓"的全过程分析,其中物质材料的使用效率和废物排放情况是这一分析评价方法的重要内容。这一思想观念的突破将改变原有工业系统"资源开采—产品生产—消费—废物排放"的线性发展模式,促使人们重新建立起一种物质资源"从摇篮到摇篮"的循环发展模式[52]。这种转变首先会体现在产品创新的设计思想中,从而进一步影响产品的生产和消费过程[53]。

生命周期评价的一个重要目的在于激励生产者采用绿色设计。设计阶段的决策可以深刻影响产品的整个生命周期循环,生产和消费过程中 70% 的物质材料和废弃物都是在设计阶段就决定了[54]。旧的设计思路只考虑产品消费以前的增值过程,从商品进入消费过程之后,商品的价值开始不断下降,最终成为没有什么价值的废物,而通盘考虑产品的整个生命周期过程,产品的价值链可以延伸到生产、消费以及废物处理过程的各个阶段[55,56]。通过绿色设计促进废物的合理再生利用,对有效提高资源使用效率具有重要意义。由此,绿色设计不仅体现了环境保护的观念，而且可能成为生产者降低成本和提升产品市场竞争力的重要环节[57]。

（2）生态工业——再造可持续的工业系统

随着人类工业系统日趋复杂，局部的技术革新已经无法从根本上解决日益严重的废物排放问题。因此有人提出对整个工业系统进行改造的倡议，也就是生态工业的思想。研究者从仿效自然生态系统的角度出发，提出走向成熟的人类工业体系"完全可以像一个生物生态系统那样循环运行：植物吸取养分，合成枝叶，供食草动物食用，食草动物本身又为食肉动物所捕食，而他们的排泄物和尸体又成为其他生物的食物"[58]。模仿自然生态系统的运行规律，提高能源使用效率，促进物质资源的循环利用成为可持续工业系统的基本目标。

生态工业思想超越了纯粹技术经济的范围，是人类可持续发展模式的重要理论和实践探索。生态工业的发展在西方社会有着深刻的社会经济背景，与地方发展和社会福利等其他社会目标相结合，成为西方生态现代化思潮的重要组成部分[59]。在这一思想体系中，废物问题应该作为工业系统的内部问题，而不是一个归由工业界以外的环境保护机构和组织来处理的外部问题[60]。并且废物问题需要从源头加以解决，与产品的生产阶段和消费阶段紧密联系，而不是将废物处理与产品消费前的设计、生产和消费过程割裂开来。而在市场经济的条件下，生态工业的思想能够付诸实施必须使参与废物交换和再生利用的企业能从这种合作中获得成本或其他形式的市场竞争优势[61]，生态工业的思想对规划界产生了很大的影响，并在不少工业区规划中得到应用[62]。

总的来看，有关废物及其相关产业的研究是与环境保护的观念发展密切相关的。不过，尽管生态工业思想提出了一体化改善现有工业系统的思路，但是像废物问题这样的环境保护议题依然是与工业发展的主流割裂开来的。针对产品生命周期全过程环境影响的分析方法和工业设计思想尚处于探索和发展阶段。然而这种观念的变革将对整个工业系统研究领域产生广泛而深远的影响。当工业系统的"绿化"过程与技术发展、制度演化交织在一起时，一种新的"技术—经济"范式的变革便真正展开了（"技术经济范式"的概念来自 Freeman[63]）。

1.2.2　环境管理制度与绿色技术创新[①]

西方发达国家 19 世纪末为了应对城市化与工业化过程中日趋严重的废物问题，开始将废物管理纳入公共政策的管辖范围，并由此发展起一套复杂的废物管理制度。废物管理制度可以看作环境管制的一部分。制度分析存在众多的流派，在主流经济学理论的范围之内，以庇古为代表的福利经济学理论将政府的干预作为解决市场失败问题、协调社会公共利益与微观个体经济目标之间矛盾的必要手段，这种观念长期以来在西方主流经济学的环境经济分析中占有重要地位[64]。

西方主流经济学理论中有关环境管制分析的另一重要思想流派来源于科斯的交易成本分析。科斯[65]将交易成本的概念引入正统的经济学分析，将企业内部组织制度与社会市场经济制度之间联系起来，开创了基于交易成本分析的新制度经济学派，威廉姆森则将这一理论研究框架进一步完善和规范化[66]。这一理论流派将组织看作通过合约联系在一起的众多个体，组织内的各种规则、程序、激励机制与组织中个体的行为成为制度分析的重点，而交易成本则决定了组织规模的合理边界[67]。安德鲁斯等人运用这一分析框架分析了组织内影响电子废物管理的制度因素[68]。

科斯进一步运用交易成本的概念探讨类似废物排放等企业行为的外部性问题及其管制，将基于命令和控制的管理制度与自由的市场交易行为结合起来，提出了政府管制的社会成本问题[69]，为环境管制理论的研究开辟了一个新的视角。废物排放管制实际上是在社会的经济利益与环境保护利益之间寻求平衡。而管制目标实现的方式可以分为纯粹政府管制（如政府部门和法院颁发的禁令）、纯粹市场调节，和介于两者之间的混合形式。具体采用何种管制调节模式，则由实行不同方式的交易成本所决定[70,71]。

在理想的状况下（交易成本为零），代表环境保护利益的群体与代表经济发展利益的群体可以通过讨价还价维护各自的利益，通过市场调节的方式，达到两者利益兼顾的目标。也就是说，通过明晰产权责任，将外部化的环境成本转化到

---

① 从经济地理的角度对此议题所做的系统综述可以参考《牛津经济地理手册》（Clark, et al., 2000）中"市场与环境质量"和"环境管制与创新"两章的内容，本节中参考了其中的一些观点。

不同利益主体的内部成本计算中去，就可以利用市场调节的力量自发实现社会资源的最优配置——废物的排放权将被配置到具有最大经济产出的个体手中。

然而科斯定理存在一些严格的限制条件：

（1）交易双方对与交易有关的信息有完全和对称的了解；

（2）交易市场是充分竞争的，没有人能操纵价格；

（3）规模报酬不变或递减，也就是扩大规模不会带来效益优势，大厂商并不比小厂商更有竞争力；

（4）经济活动不存在外部性，任何人的经济行为不会对他人造成有利或不利的影响。

而这些假设前提恰恰在现实中是难以完全实现的，于是就存在所谓"市场失败"的问题，包括无市场或市场竞争不足，交易费用高昂，以及市场不确定性与决策者投机行为等。同样为了纠正市场失败而引入的政府干预措施也可能出现所谓"政策失败"的问题，造成政府行政管制成本过高，制定的行政性禁令和管理措施流于形式，难以付诸实施等。这一点在将科斯定理应用于解决中国的环境问题时需要格外注意[72]。

从发达国家废物管理制度的演变来看，政府强制措施的作用在下降，而多样化的经济手段，以及产业界及公众的自愿协议方式，被越来越广泛地用于实现环境保护的政策目标。这种转变直接影响技术创新的发展方向，环境管理制度的设计可以通过关注环境保护的最终目标，而不是中间阶段性的效果，给技术和管理手段的创新留下更大的发挥空间。

经济全球化过程进一步限制了控制和命令式的政府管制方式的有效性。经济活动的跨国化，以及跨国公司主导全球经济活动的支配地位，使得通常局限于行政边界之内的政府控制力大为削弱，毕竟资金、物质和信息的流动范围已经不再局限于国家疆界，而是能够方便地跨越国境。对于跨国经济行为的管制，传统上只能依靠各国政府之间的协调与沟通，强化国际法实施的权威性，促进各国在协商一致的基础上，采取集体行动，然而不论从政治角度，还是从实际操作层面，要实现这种协商一致都是非常困难的。因此，依靠政府以外的力量来解决废物跨国转移中的环境污染问题也越来越重要。

西方主流经济学理论有关环境管制的分析，不论是从经济行为的外部性角度出发，还是关注产权、激励和制度创新，都是在现有的资本主义市场经济制度的框架内研究各种治理手段对市场行为主体在稀缺的环境资源分配、有效利用和再生循环活动中的决策影响。其核心观点就是在现有制度和社会结构的背景下通过修正市场和制度的缺陷，就可以有效解决包括废物问题在内的各种环境污染问题[73]。

与早期单纯集中于技术解决方案不同，近年来制度和文化变迁对绿色技术创新的影响越来越受到关注[74,75]，研究者希望能够通过重新设计市场激励机制、企业治理结构和公共管理系统，促进开发使用物质能量消耗密度较低、废物产生较少的产品和工艺，从而在提高环境保护水平的同时，能有助于企业降低成本和提高竞争力。另外，信息技术的飞速发展，特别是互联网技术的推广，大大提高了信息披露的便利性，从而提高了公众了解真相和参与决策的可能性，这也可以成为修正市场和制度缺陷的有效途径[76~78]。

不过，也存在一些激进的观点认为：如果不对现有的社会结构、经济发展模式和道德价值体系进行根本性的变革，就不可能使经济活动的环境表现有本质改善[79]。这类批判大多根植于马克思主义的政治经济传统，强调分析塑造经济系统与环境关系的社会结构[80]。这一派观点中对当今经济地理理论方法最有影响的要素管制理论（Regulation Theory）。近年来，不少研究者将管制理论应用于分析"经济—环境"关系问题[81,82]。认为伴随着能源和物质密集型经济发展而出现的环境恶化不仅造成了生产的物质危机，也造成了资本主义发展模式的合法性危机。而主流的环境经济理论对环境管理制度的分析并没有触及资本主义积累方式的扩张所带来的"自然—社会"关系的内在矛盾[73]。

综上所述，废物问题既有技术根源，又有制度根源。而废物管理从技术层面到制度层面都越来越强调全面系统地改革现有"生产—消费"模式对解决废物问题的重要意义。不论是依托技术创新或对现有制度框架的修正来实现所谓的生态现代化改造，还是新马克思主义者就环境问题对全球扩张的资本主义社会结构所进行的激烈批判，都强调必须将生产过程与消费过程联系起来。发达国家政策和研究领域关注的重点在于寻求将人类工业化发展的轨迹引向低能耗和低物质消耗发展模式的途径，然而这种努力不可能脱离全球经济秩序的既定格局。发达国家不可持续的生产消费模式正在伴随着经济全球化的过程传递给发展中国家和地区。这种传递受到投资和技术流动地理格局的强化，从而影响着发展中地区的技术发展轨迹和本地制度建构过程。这些影响必须深入地方发展的特殊环境下加以审视。

1.2.3 工业地理研究视野中的废物问题

探讨工业地理研究视野中的废物问题，离不开环境保护和区域持续发展的主题。将废物问题纳入工业地理的研究视野是工业系统生态化转型的必然结果，而工业地理所特有的联系不同空间尺度，强调经济活动的空间过程和不同经济活动内在联系的综合研究视角对于分析经济发展中的废物问题也可以做出独特的贡献。

（1）工业地理研究中的环境问题

20 世纪 70 年代以来，随着环境保护主义运动的兴起，工业地理学已经将环境因素作为影响生产区位的因素之一引入区位分析的研究领域中[83,84]。特别是随着发达国家和地区的公众对工业化过程中所造成的环境问题越来越重视，政府的环境管制政策日趋严格，环境管制政策的区域性差异已经成为工业生产布局中影响企业经营成本和产品市场准入的重要因素。而越来越多的发展中国家也开始认识到重复发达国家先污染后治理的发展道路代价高昂，在发展政策中更加重视探索可持续的工业化道路。不过，由于受到传统理论框架的限制，环境问题基本上被排斥在主流的经济地理（包括工业地理）学科疆界之外[85]，而且大部分研究仅关注生产的动态过程，很少涉及消费过程。

与工业可持续发展研究在国际经济地理学界的非主流地位相对，这一议题由于我国经济发展的特殊性，在国内工业地理和区域发展研究中却具有特别重要的意义[86,87]。我国工业地理学者在 20 世纪 80 年代初就开始关注工业发展中的环境保护问题，这一时期关注的重点是生产过程中的污染物排放对工业选址和布局的影响，强调通过调整工业结构和工业空间布局来改善区域环境状况[88~90]。20 世纪 90 年代以来，特别是 1992 年世界环境与发展大会召开以后，可持续发展的观念引入中国[91]，地理学的系统观念与区域持续发展的议题结合起来，在我国地理学界产生较为广泛的影响[92~94]，合理调整产业结构和改善工业空间布局也成为实现区域持续发展目标的重要途径之一[95]。

20 世纪 90 年代中期以来，一些经济地理学者在讨论影响工业区位的环境因素时开始超越对生产过程本身的关注，进而提到环境管制的空间差异及清洁技术创新等因素对工业区位选择和市场竞争也有重要影响[96]，还有学者从持续发展的主体参与角度，提出绿色生产与绿色消费相结合的观点[97]。

尽管区域持续发展并未形成系统的理论框架，但实践领域的探索已经广泛展开。国内经济地理文献中近年出现了不少有关发达国家生态工业研究的评述文章[98~102]，并在一些工业区的规划设计中有所应用[103,104]，体现了西方生态现代化思想对国内工业地理研究的影响。不过这些讨论仍然主要局限于生产阶段，只有少数学者从垃圾资源化的角度探讨了再生资源产业化的理论问题[105]。总体来说，在工业地理研究中将生产与消费联系起来，关注消费后的废物回收和再生利用活动的具体案例研究尚不多见。

当前经济发展模式的生态化转型并不仅仅局限于生产阶段。环境管制模式的变化、生产者自愿参与的环保行动，以及消费者决策的绿色购买行动都在将生产过程与消费过程重新连接起来。将产品消费后的废物回收与再生利用活动引入工业地理学的研究视野，并将其作为全球与地方生产系统整体研究的一个组成部分是工业系统生态化转型的必然结果。

（2）工业地理研究的独特视角

关注空间过程是地理学研究内容的特点，而综合性则体现了地理学研究方法的独特性。经济生活的空间性塑造着人类经济系统与自然生态环境之间的结构关系，反过来政治经济的既定格局又造就了特定地方的环境与人文景观。工业地理研究的独特视角及其在废物问题中的意义可以包括以下三个方面。

① 全球与地方：多尺度的研究视角

当前的环境问题存在巨大的地理尺度差异。经济、社会和政治的全球化过程伴随着"物质—能源"消耗密集型的资本主义积累方式不断扩张。核心问题在于全球化是否必然导致环境与发展危机的深化与扩大，还是说全球化过程本身可以得到有效控制，从而有可能最终在世界范围内改善现有的环境状况（或者至少遏制环境恶化的总体进程）①。工业地理研究一直致力于探索有效联系工业空间中的宏观（如投资流）、中观（如政策形成）和微观（如个别企业的技术选择）过程的理论和分析框架。全球变化和地方发展的关系是工业地理研究

---

① 此处仅强调了遏制环境恶化的总体进程，但忽视了环境负担在空间分配上的不平衡，这是近年来全球化下环境问题的一个重要议题——环境（非）公正。这个问题在电子废物跨境转移中也非常突出。

中的一个重要视角。有关工业活动环境影响方面的研究也不例外。近年来，不少有关当代的全球化过程的研究文献中都有关于环境保护问题的讨论[4,106,107]，包括国际贸易对工业活动环境状况的影响；国际产业标准对跨国企业和投资所在地环境保护行动的影响等，为研究者从全球联系的深度和广度进一步考察产业活动中的环境保护问题提供了有益的借鉴。

当今许多废物处理和再生利用问题都不再仅仅是一个单纯的本地过程，欧洲国家大量废弃的纸张可能会不远万里的运往印度进行再生利用[108]，而美国消费的再生铅也很可能是在东南亚国家生产的[109]。地方经济活动与全球经济格局的背景之间的关系越来越紧密，很难孤立地看待单一地区的某种经济活动发展过程，而必须将其嵌入更大范围的社会经济发展变化的背景中。

② 注重技术创新与制度演进的空间过程和地方环境背景的研究视角

工业地理学有关技术和制度变迁的研究大量吸收了创新系统学派的思想精华，而注重空间过程和地方背景的特殊影响则是工业地理所特有的视角。创新系统理论着眼于制度的长期演化过程，将制度看作社会系统内部知识创造、传播、共享和学习的动态过程[110]。早期的工业地理研究无论是基于距离和运输成本的区位研究，还是来自贸易理论的比较优势原理，都没有将技术演进，特别是复杂技术的学习成本和时间积累效应，作为经济活动区位的重要影响因素加以考虑。废物再生利用和环境无害化处理和所有人类社会的技术发展演化一样，其技术演进与制度发展将是紧密联系不可分割的。

事实上，由于不受管制的市场机制在面对环境问题时存在广泛的"市场失败"现象，环境技术创新与环境保护管制之间的联系愈加紧密。目前，存在巨大的政治经济力量推动全球环境政策向所谓的"最佳实践经验"靠拢，也就是以美国和其他 OECD 国家的管理模式为榜样，建立国家或国际性的环境管理制度构架。产品生命周期理论[111]和竞争中的先发优势理论[112]都强调了地方市场需求和制度条件对于企业技术创新的激励作用。其中，根据技术的先发优势理论，波特进一步指出从长期角度看，严格的本地环境保护政策将有利于该国形成环保技术的国际竞争力[113]。

造成经济活动空间集聚、扩散和转移的因素非常复杂，从地方角度来看技术与制度变迁的过程中，各种历史事件的因果关系往往相互交织，使一个地区的成功模式难以在其他地区进行复制，因此从不同的角度分析和理解特定地方条件下技术创新和制度演化过程本身可能比简单地抽取一些成功要素加以推广更有意义。

对于发展中国家来说，工业化过程中的赶超战略往往伴随着观念和文化的转型过程。技术学习涉及技能、技术和组织机构的复杂变化和适应过程[114]。由于存在知识传播潜在的交易成本，技术的转移并非毫不费力地自发实现。知识和观念的传播也不一定与先进设备和操作技术的转移相一致，建立与生产系统相匹配的知识系统往往需要投入更大的精力和花费更长的时间[115]。

③ 注重区域性"自下而上"的内生发展过程的研究视角

改革或者转型过程涉及两方面的变化，一是来自外部的"自上而下"的国家或国际范围的改革进程；与之相对的则是地方层次的"自下而上"的改善途径。由于存在前面所说的管制政策模式向发达国家所谓的"最佳实践经验"靠拢的强大趋势，而各种传递途径都在不断增强这种管制模式的传递过程，包括国际性的环境管制标准，大型跨国公司的全球行动和内部环境管理系统，各种国际性的企业环境管理标准等，因此，对于发展中国家来说，地方性的"自下而上"的改善措施往往容易被忽视。不过，事实证明，环境管制模式的传递过程遇到的最大挑战往往是如何与当地的政治、社会、经济和文化背景相结合。

经济地理围绕环境管理与创新的政策研究和争论所提供的主要贡献围绕着两个中心问题：成功管理制度的政治、经济和社会背景；地方"自下而上"对政策所作出的响应[73]。这两点对于将发达国家的环境保护技术、政策和方法措施引入发展中国家来说具有特别重要的意义。不论技术还是政策，移植的效果都受到当地政治、社会和经济背景的制约，并因复杂的地域差异而存在巨大的差别。而且，环境保护政策常常面临着全球化的生产系统与局限于国家疆界内的管制系统之间的潜在矛盾。在很多时候，对于发展中国家而言，"自下而上"形成的地方和区域层次的对策可能比国家"自上而下"强制推行或引进移植的政策措施效果更佳。

（3）废物相关产业的区位研究

工业地理有关废物问题的研究起初是作为工业生产活动中的环境保护问题提出来的。废物处理和再生利用作为生产活动过程中节约资源、减少污染的一种附属活动，需要考虑处理设施的空间布局，风向、地下水等自然环境因素。废物相关产业相对独立的发展与环境管制的发展有着紧密的联系。废物的再生利用虽然是保护自然环境与资源的重要途径，但是再生利用活动本身存在许多环境污染的问题，并不是一种清洁无污染的经济活动。各国环境管理政策发展的不平衡对存在污染的生产活动空间分布会产生一定的影响。

①"污染天堂"与"涓滴"效应

20 世纪 70 年代以来，不考虑环境问题的全球贸易自由化运动越来越受到抨击[116~118]，一个基本的假设就是，全球贸易自由化将加速有污染的生产活动和废物向环境管制最松的不发达国家和地区转移，同时，环境管制严格的国家和地区，厂商因为支付额外的环境保护成本，而在全球市场竞争中处于劣势，这种压力会促使这些国家和地区放松环境管制的力度，结果导致全球环境问题的持续恶化，这也就是所谓的"污染天堂"（Pollution Heaven）假说。

与污染活动从发达国家向发展中国家转移的趋势相对，废物处理技术的转移却遵循所谓的"涓滴"效应（Trickle Down）——废物处理的技术创新首先在环境管制严格的发达国家应用，然后才逐步向发展中国家扩散。发展中国家在没有合适的处理技术和管理能力的情况下，接纳了大量被转移的废物，包括发达国家也难以处置的危险废物，从而加重了发展中国家和地区的生态环境负担。这种趋势要等到发展中国家和地区的经济发展到一定水平，本地居民对所生活的自然生态环境的要求提高了以后，才有可能得到重视和改观。

不过，根据世界银行对这个问题所做的调查表明[116,119]，这种假设过于悲观。事实上，并没有足够的证据证明废物产业的地理分布已经发生了重大变化，已经从北方国家转移到了南方国家，或者从对经济活动有严格环境要求的国家转向了对环境保护要求相对宽松的国家。尽管发展中国家出口和贸易中废物相关产业所占的比重有了很大的增加，但是这与它们本土的工业化发展有着密切的关系。世界银行认为，劳动力成本的差异比环境标准的不同带来的竞争优势更能够解释产业变化。这一结论也得到一些在中国所进行的研究调查的支持①[120,121]。

② 废物相关产业的空间集聚与扩散

废物相关产业即使不从南北迁移的角度看，其空间分布的不平衡性也是显

---

① 从环境（非）公正的角度来看，劳动成本差异与环境标准差异其实有着深刻的内在联系，当劳动工资和福利水平提高的时候，劳动者对自身的生活环境的质量要求也会更高。因此，尽管世界银行的实证研究不承认污染避难所假说，但环境标准与劳动力成本因素其实是紧密相关的，这也体现在企业社会责任中劳工保护和环境保护的密不可分。

而易见的。这恰恰触及了工业区位理论的一个核心问题，在全球范围内，不同类型的经济活动为什么会集聚在不同的地方。

经济活动的空间分布实际上受到集聚和扩散两种力量的共同作用[122]。其中促使相关产业形成地理集聚的力量包括市场规模效应（指上下游产业联系增多，增加了交易的机会，促进了产业链的分工协作和竞争）、劳动力市场效应（指形成地方化的专业技术劳动力市场）和知识溢出效应（指市场信息、技术创新能够迅速在同行之间扩散）。这些促进地方产业集聚的因素合起来被称为"空间规模报酬递增"，是产业空间集聚的基本动力[123]。同时，也存在阻碍空间集聚，推动经济活动扩散的因素与之平衡，如生产要素空间移动的成本、集聚带来地租上涨、交通拥挤等外部不经济。两种力量在特定的历史条件下，在不同的区位形成不同种类、不同规模的产业集聚现象，或称为产业集群（Industrial Cluster）。近年来，产业集群在应对市场变化，促进技术学习和创新，以及提升地方竞争力方面的重要性开始引起经济地理学以外的经济学、公共政策研究等领域的广泛重视[112,124~126]。

了解影响产业空间分布的因素可以用来帮助我们理解废物相关产业的地理分布。

第一，产业前后向联系的影响。废物相关产业包括将可利用废物重新转化为资源的再生利用行业与不可利用废物的处置两大部分。这两部分是物质流动循环过程中的不同阶段，并且两者之间的界限也会随着技术变化发生转变。对于前者而言，产品的价值限制了再生资源的运输距离，生产者倾向于靠近再生资源产品的消费者，不过在全球化的背景下，消费中心（也就是大量废物产生的源头）与再生资源主要消费地可能是分离的，许多后发工业化国家在工业快速发展的积累阶段，对廉价资源的需求特别巨大，再生资源成为这一时期工业发展的重要生产资料来源之一，像拆船业就曾经在意大利、日本、韩国、中国台湾等国家和地区工业化上升阶段非常兴盛。由于存在规模经济的优势，远距离运输成本的影响相对降低了。而不可利用废物的处置往往同当地的法定废物处理标准有关，这类设施需要根据废物产生地的位置而设立。而法定处置标准的区域差异可能导致处置成本的空间差异，从而形成废物越境转移和生态倾销的经济驱动因素。

第二，劳动力市场因素的影响。根据传统的比较优势的观念，废物拆解和再生利用行业相对来说是一种低技术、劳动密集型的产业，对专业技术劳动力的要求不高，只要源源不断地提供大量低成本劳动力就可以了。随着环境管制要求越来越高，废物的构成和再生技术日趋复杂，这种状况并非一成不变。可利用废物产业链内部的分工已经越来越细化。这种分工不仅进一步促进了相关产品的跨地区贸易，而且废物处理企业也出现明显的分化。特别是在发展中国家，一方面，大量小规模、高污染、劳动密集型的家庭企业参与国内废物的回收处理活动；另一方面，规模较大、资本密集型的处理工厂虽然能够采用相对清洁的技术，但大多主要依赖进口废料维持运行[127]。

第三，知识溢出效应的影响。废物再生利用活动虽然不能算作高技术的产业活动，但是其中也有不少技巧可以在同行之间传播。由于处在正式产业部门与非正式产业部门之间，很多市场信息和技术信息都难以通过正式的渠道获得，空间靠近对于信息交流就显得格外重要。此外，废物再生利用活动与消费观念的转变有很大关系。传统消费观念里，再生资源通常价格较低，质量较次，很难进入高层次的消费市场。但是，随着人们环境保护观念的转变，这种情况正在发生改变，创造性利用再生资源，鼓励消费者选择再生资源生产的产品，正在演变为某种时尚。这种观念变化对本地再生利用活动的技术创新会产生促进作用。

从根本上讲，废物相关产业的区位研究需要结合技术和制度变迁的地方背景。废物管理制度的形成过程及其对技术创新的影响，反过来也可以通过产业链不同环节之间的联系影响到"生产—消费"的各个阶段。

1.3 研究框架

综上所述，从工业地理视角研究废物问题应当从影响技术和制度演进的地方环境因素入手，结合"全球—地方"的不同空间尺度，通过全球物质流的整体分析，将全球商品链中复杂的生产过程与消费过程结合起来。图 1-1 显示了本书的研究框架。这一框架借鉴了 Pearce 和 Turner 关于循环经济的经典分析框架——将自然环境所提供的资源投入和废物接纳功能纳入原有的从资源输入到废物输出的直线型经济系统分析中，从而使从生产到消费的经济价值流动过程能够体现出物质能量闭合循环的特征[23]。

图 1-1 中以全球物质流为背景。传统的直线型经济系统分析只涉及图中右

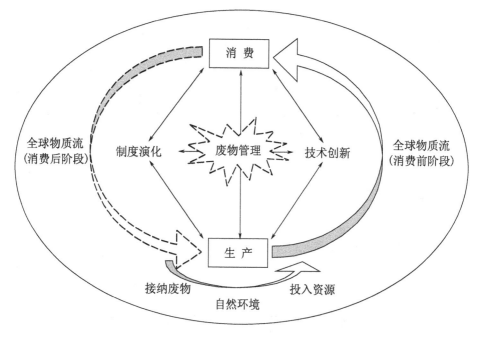

图 1-1 研究框架

Fig. 1-1 The Framework of Analysis

侧从生产到消费的消费前阶段的物质流,及与之相应的价值流。也就是说,自然资源经过生产过程的增值以后,一旦进入消费阶段,产品的价值就不断下降,直到最终成为没有什么价值的废物而被丢弃。即使存在一定的废物回收利用活动,也只反映了部分回收材料的价值,而没有充分体现再生利用活动的全部环境保护价值。而在循环经济的分析框架内,消费后的废物回收处理和再生利用过程与消费前的"物质—价值"流过程应该是对等的,只是由于市场制度的缺陷,这一部分价值活动没有在市场价格中得到很好的体现。而这种制度的缺陷又进一步影响着技术创新的发展方向,技术创新倾向于集中在物质流的消费前阶段,而回收利用技术和清洁生产技术的创新与传播却因缺乏有效激励而受到抑制。废物管理制度的创新正是力图使这一部分经济活动的价值在市场交易中得到真实的反映,从而激励这一产业的健康发展。因此,废物管理中技术创新与制度演化的关系是本书的中心,而这一关系需要将生产过程与消费过程结合起来进行分析。

全书将以中国的电子废物问题为例,围绕着工业地理研究的核心问题——工业活动(这里主要是电子废物的循环利用活动)的空间分布,及其与其他相关经济活动的联系,来阐述这种技术和制度变化的过程,并分析影响这一变化过程的地方环境因素，特别是社会制度转型的因素。

目前国外有关电子废物的研究在产品绿色设计、回收处理技术和废物管理制度等方面都有非常深入的探讨。国内近年来开始关注电子废物问题，大量讨论都集中在如何借鉴发达国家最新回收处理手段的技术解决方案上。不过承担电子废物管理立法的政府和研究部门也一再强调中国国情的特殊性，这种特殊性正需要从区域层次的"生产—消费"格局演变的动态背景来理解和把握。

1.4 研究方法

发达国家从世纪 90 年代初开始研究有关电子废物合理处置和再生利用的问题。本书有关电子废物全球转移与管理制度的分析主要建立在对国外研究资料的整理基础之上。

国内电子废物问题近两年才开始引起相关部门和研究者的关注，相关统计资料和公开研究成果匮乏。本书主要采用案例分析的方法，有关国内电子废物回收利用相关行业及政府管理政策的大部分资料来自研究者的实地考察和访谈，并与媒体公开发表的二手资料相印证。调研分为两个部分，第一部分主要调查国内的电子和通信设备制造业，着重研究在全球电子产业结构调整和区位转移的大背景下，我国电子信息产业空间分布的演化及其动力机制。在深圳(1999)、东莞（2000)、北京（2001)、宁波（2002)、上海（2002)和苏州(2002)访谈了 30 多家电子产品生产企业（见附录)，重点研究了我国不同区域电子产业组织特点、企业间的分工协作关系和历史演变；第二部分重点调查国内电子废物管理现状，在 2002 年 5—9 月间，访谈了国家环保局、国家经贸委和信息产业部的相关负责人，中国再生金属协会参与进口废五金定点企业管理的相关人士，中国家电研究所负责制定中国废旧家电管理立法草案的专家，以及北京航空航天大学研究废电路板回收技术的专家；实地调查了北京大兴从事电子废物处理的工业危险废物处理中心；在宁波、台州和上海一带访谈了当地从事进口第七类废物拆解的定点企业共 7 家，其中 5 家涉及电子废物处理（附录 2)，以及当地规划兴建的再生资源产业园区、相关配套性基础设施和再生材料市场；并在北京、苏州、深圳、青岛补充调查了一些电子生产企业。

笔者在 2002 年 11—12 月通过网络对海外的电子废物处理企业做了一个在

线调查，了解这些企业对在中国投资电子废物回收处理业的看法（附录 3）。
又于 2002 年 12 月在北京一家电子产品市场进行问卷调查，了解普通消费者对
电子废物问题的态度①（附录 4）。

1.5　本书结构

本书包括 6 个部分，第 1 章导言中介绍了本书的研究背景、理论综述、研
究框架和研究方法。

第 2—6 章以电子废物为例，集中论述发达国家废物管理制度的变化，及
其对中国电子废物问题的影响和中国相应管理政策的发展。其中第 2 章论述电
子废物问题的特点，及其与电子产业全球化和技术创新之间的关系。

第 3 章研究对比各国电子废物立法管制的现状，探讨不同管制模式下，生
产者、消费者、再生处理者以及地方政府在建立合理的电子废物回收和再生利
用体系中所发挥的作用及相互关系。特别探讨了"延伸生产者责任原则"在各
国电子废物立法管制和回收处理解决方案中的具体应用，及其对电子产业生
产、消费和创新模式可能造成的影响。

第 4 章从我国电子产业和再生资源行业两方面研究中国的电子废物问题的
现状，论述了生产全球化和产业国际转移对我国电子废物问题的特殊影响。

第 5 章分析我国目前正在着手进行的电子废物管理立法活动，研究不同政
府部门和非政府机构对待电子废物问题的态度，以及管理制度的发展趋势。提
出借鉴发达国家的延伸生产者责任原则，在我国建立以生产者为中心的电子废
物综合管理制度的必要性和可行性，探讨利用电子废物管理制度促进企业提高
基于绿色技术创新能力的市场竞争力的具体措施，通过促进生产者与回收处理
企业之间的交流与合作，带动回收处理行业向专业化和正规化的方向发展，推
动地方生产系统的生态化转型。

第 6 章结论部分，总结全文，并探讨将废物问题纳入工业地理研究的一般
意义和未来研究议题。

---

① 据访谈了解，中国家用电器研究院与广东电器研究所在国内典型城市做过类似的大范围调查，
本调查规模较小，集中反映的是近期媒体宣传对消费者观念的影响效果。

第2章 全球化、技术创新与
电子废物问题

随着技术创新的步伐加快和生产过程的全球化，电子废物的环境无害化处理与再生利用正在成为一个全球性的课题。电子废物问题所反映出来的发达国家与发展中国家在技术创新和传递、环境制度变迁等方面的相互影响在经济全球化过程中具有典型意义。

2.1 快速技术创新的副产品——电子废物问题

2.1.1 电子废物的定义

"电子废物"① 是各种接近其"使用寿命"终点的电子产品的通称，包括废旧的计算机、移动电话、电视机、VCD 机、音箱、复印机、传真机等常用电子产品，以及程控主机、大型计算机、车载电子产品等[128]。随着电子技术的广泛应用，电子产品已经深入人类生产生活的各个方面，并且在不断延伸。因此，对电子废物的具体内容给出一个准确的界定是不可能的。各国在研究和制

---

① 电子废物一词通用的英文翻译为 electronics waste(简称 E-waste)，不少正式研究中倾向于避免使用"废物"(waste) 一词，而改用"寿命终止的电子产品"(end-of-life electronic products) 或"使用过的电子产品"(used electronic equipments) 以强调废弃的电子产品不应当被看作废物，而只是代表产品处于生命周期的某个阶段。考虑到用语的简洁性，在本书中仍然采用"电子废物"一词，但在英文摘要里使用的是"end-of-life electronic products"。

订本国电子废物问题解决方案时，通常会根据本国的实际情况，选择一些有代表性的电子产品进行分析。例如，欧盟在制订其废弃电子及电机产品（Waste Electronics and Electricity Equipment，WEEE）管理相关的条例中，确立了一个比较宽泛的定义，几乎涵盖了电子和电机产品的全部领域[129~131]。

美国和加拿大目前没有对电子废物管理采取全国性的立法限制，电子废物所指的范围并不明确，但是从研究者的角度，一方面，关注技术更新和产品淘汰速度特别快的计算机、通信及相关外围设备废弃后的循环利用问题[132,133]；另一方面，则关注已经被认定为危险废物的铅、汞等重金属物质的控制，特别是含有大量重金属铅的废弃电脑显示器和电视显像管，这与欧盟管理条例的侧重点是一致的。

中国台湾、日本的电子废物管理法已经分别于 1998 年和 2000 年开始实施，但包含的产品范围比较狭窄。第一步提出大型家用电器的回收处理问题，仅包含洗衣机、电冰箱、电视机和空调四类产品；第二步才将计算机等信息技术产品纳入管理范围。

2.1.2　电子废物的特点

电子废物是固体废物的一种。电子废物的问题实际上是整个工业化社会日趋严重的废物问题中的一个组成部分。近年来，发达国家之所以纷纷把电子废物从一般城市生活废物流中分离出来，作为一种特殊的固体废物进行回收处理，主要是由于电子废物的产生、回收和处理存在一些特殊性。

第一，电子产业的竞争特点决定了电子废物的产生速度非常快。电子废物目前占到美国城市固体废物流的 2%～5%，并且还在迅速增加[133]。欧洲每年电子废弃物总量增长速度达到 4%，几乎比同期城市废物总量增长的速度快 3 倍[134]。

第二，首次报废的电子产品通常还远未达到其实际使用寿命，大多数产品及配件会进入旧货流通市场。在旧货市场交易中，存在大量简单拼装、以次充好、以旧充新，以及侵犯商标、专利等知识产权的问题。

第三，完全报废的电子产品和报废汽车、船舶等交通工具一样，物质组成非常复杂，要提高回收利用的价值，就必须先进行大量的拆解、分选处理。而产品技术的不断革新进一步增加了报废后拆解、分选与回收利用的难度。

第四，电子废物的组成部分中含有一些有害物质，会在回收处理中对环境造成二次污染。

第五，电子产业是典型的全球性产业，形成了广泛的跨国"生产—消费"网络。而电子废物问题的跨国转移直到最近才开始引起人们的关注。

电子废物的合理处置途径应该是充分实现其资源化再生利用，使废物重新进入人类工业系统内部的"物质—能量"循环体系，减少焚烧、弃置、填埋等增加生态环境负担的处理方式。理想状况应该包含两方面。

一方面，就废物处理本身而言，应当尽最大可能实现废物的本地循环利用。具体内容包括两方面：①重新使用（Reuse），也就是通过出售、转让和捐献等方式使用户淘汰下来但仍可以使用的电子产品能延长其使用生命；②循环再生（Recycling），指废弃的电子产品经过拆解、分选、处理，获得塑料、玻璃、金属等再生原材料，重新用来生产新的产品。而强调循环利用的本地化则是为了减少废弃物长途运输造成的生态负担。本地循环利用涉及从产品的销售及售后服务、消费者购买使用，到废弃物处理者收集处理和再生材料使用的众多环节，因此是一个非常复杂的过程。

另一方面，从根本上讲，必须迫使生产者从产品设计和生产阶段就考虑到拆解和循环利用的过程，减少废物的产生量及其中的有毒有害物质（Reduce），方便废弃物的处理和再利用。目前由于电子产品的设计较少考虑产品使用寿命终止以后的循环使用问题，给最终废弃物的拆解、分选和处理造成很大的困难。特别是原材料中使用的一些有毒有害物质，更增加了处理过程的复杂性和环境危害风险。

要实现上述两个理想目标，不仅需要从技术上不断完善废弃物处理的解决方案，更需要从"生产—消费"一体化的视角进行考察，传统的将消费后的废物处理问题与整个产品"生产—消费"过程割裂开来的思路是无法从根本上解决电子废物问题的。探讨电子废物的环境无害化处理与再生循环利用问题必须与整个电子产业的"生产—消费"模式结合起来。

从产品的整个生命周期来看，产品在消费前后其实面对的问题是相互关联的。产品生产阶段，环境污染处置问题集中在元器件生产的上游阶段，如半导体生产和线路板加工中大量使用的有机溶剂的回收处理和重复利用问题，相对来说，下游的产品组装阶段，由于广泛采用模块化设计，焊接、清洗等工艺都不太需要，主要是手工装配劳动，环境污染比较少。而废物回收处理阶段，污染问题则集中体现在处理的下游阶段，也就是稀贵金属提炼和最终废弃物处理过程中。拆解分选过程相对来说也主要是纯粹的手工劳动，并没有特别严重的环境污染问题。

如果将产品消费前的阶段与消费后的阶段分离，再生活动的价值主要集中在可再生利用材料回收后的市场价值，而电子产品的物质组成材料在整个产品价值中所占的比重还不到 5％，而且电子产品的技术发展趋势还进一步导致了产品中的稀贵金属用量不断下降，使得作为回收产业中主要收益来源的稀贵金属提炼阶段在整个回收处理活动中所占的比重也相对下降。这样再生处理行业就不可能承担得起全部污染控制的成本。只有将整个商品生产、消费和消费后处理的阶段结合起来，才能将废物回收处理的环境保护价值体现到产品生产和消费的成本中去。也就是说，以稀贵金属回收为中心的传统再生行业将逐渐被以环境保护目标为基本出发点的循环利用方案所替代，降低拆解分选成本，充分利用各种材料是回收技术发展的方向[135,136]。

2.1.3　电子废物中的可再生利用材料

由于电子技术的应用日趋广泛，产品技术发展迅速，使用的材料非常复杂，而且总是不断变化。电子废物管理制度的一个重要目标就是提高电子产品中可再生利用材料的比例。电子废物的循环利用中，废旧产品维修翻新、重复使用和电子元器件的再利用可以算作中间循环阶段，而最终的物质材料循环利用主要包括塑料、CRT 玻璃和各种金属。以电脑为例，一台废弃电脑的组成材料中现有技术可回收的占 2/3 左右①。

（1）塑料

塑料是电子废物中的重要组成部分，并且比重不断上升[137]。电子废物中

_____

① 延伸生产者责任制度的一个重要目标就是促进产品设计环节提升产品材料废弃后的可循环利用性。欧盟目前对电子产品的材料可回收率要求已经达到 85％。一些企业针对环境保护要求，设计了材料零填埋的产品。

的塑料种类复杂，使用范围广泛，表 2-1 显示了美国塑料协会所做的一项废品回收试验中反映的各种塑料成分的比重[182]。

表 2-1　电子废物中塑料的构成
Table 2-1　The Composition of Plastics in End-of-life Electronic Products　单位：%

塑料类别	电子废物总体*	电脑	电视	音像
ABS	26]34	14	6	
HIPS	19	10	73	28
PC/ABS	16	29	—	—
PPO	8	12	5	19
PC	6	5	—	12
PVC	5	5	4	1
其他类别	10	2	4	16
不知类别	10	3	—	18%

* 样本中电脑占 63%，电视机占 14%，吸尘器占 7%，音像占 4%，风扇占 3%。
资料来源：American Plastics Council, 1999.

塑料回收的主要问题在于选择合适的分类方法使得回收的塑料能用于新的用途。由于塑料的市场价格因种类、纯净度、色彩、物理性质等因素而存在巨大差别，因此了解某类塑料的市场价格，以及使用再生材料和新材料的成本比较对于塑料回收的收益具有重要意义[138]。

不同类别的废弃塑料混杂在一起会大大降低再生塑料的价值，方便经济的分离技术可以提高塑料的回收价值。对于相对均一的材料通过人工分选就可以达到相当高的纯度；而对于含有多种复合成分的废弃塑料，则需要采取特殊的溶解提炼技术，先将废料溶解，再进行选择过滤和提纯获得再生塑料产品。先进的技术可以使回收材料满足原来用途的需要，接近完全循环利用的目标。表 2-2 显示了再生塑料的一些潜在市场用途。

（2）金属

金属是电子废物回收利用的另一项重要的物质成分，不同的电子产品所使用的金属材料种类和数量差异很大。表 2-3 显示了一台普通台式 PC 的物质组成。其中所使用的金属种类超过 30 种，重量超过总重量的一半，从比重来看，铝、铁的含量最大，主要用于外壳和支撑框架等部位。而大部分稀贵金属和铜集中在印刷线路板中，尽管含量不高，却是电子废物回收产业中重要的收益来源，同时也是非法处理过程中污染问题最为严重的环节之一。

表 2-2 再生塑料的潜在市场用途

Table 2-2 The potential market use of recycled plastics

• 通信器材 线　轴 电　话 传真机 调制解调器、网络集线器	• 一般工具 托盘、运输包装箱 塑料手柄
• 汽车 防撞杆、镜框 引擎降温装置	• 计算机设备 支架、风扇等内部组件 外壳等
• 电机产品 外壳、连接器 电线盒、电线皮	• 家用电器外壳 吸尘器 电源工具 电视、音箱等
• 建筑 防水层 人造木材 水泥添加剂 脚手架等辅助材料 门窗、天花板等装饰材料	• 家用小型农具 各种工具手柄 防撞设施 • 玩具

资料来源：Dillon，Aqua，2000.

表 2-3 一台普通台式个人电脑的物质组成

Table 2-3 The Compostition of a Desktop Personal Computer

成分	比重(%)	回收率(%)	用　途	位　置
塑料	22.9907	20	包覆、填充	外壳、填料
铅	6.2988	5	金属焊接、射线屏蔽	CRT、印刷线路板
铝	14.1723	80	结构支撑、导电	外壳、CRT、印刷线路板、连接点
锗	0.0016	0	半导体	印刷线路板
镓	0.0013	0	半导体	印刷线路板
铁	20.4712	80	结构支撑	外壳、CRT、印刷线路板
锡	1.0078	70	金属焊接	印刷线路板、CRT
铜	6.9287	90	导电	CRT、印刷线路板、连接点
钡	0.0315	0	真空管中吸附杂质	CRT 结构
镍	0.8503	80	包覆	外壳、CRT、印刷线路板
锌	2.2046	60	电池、磷释放器	印刷线路板、CRT
钽	0.0157	0	电容	印刷线路板、电源
铟	0.0016	60	晶体管、整流器	印刷线路板

成分	比重(%)	回收率(%)	用　途	位　置
钒	0.0002	0	红磷释放器	CRT
铍	0.0157	0	热导	印刷线路板、连接点
金	0.0016	99	导电、延展	印刷线路板、连接点
铕	0.0002	0	磷释放器、合金物质	印刷线路板
钛	0.0157	0	保护	外壳
钌	0.0016	80	电阻	印刷线路板
钴	0.0157	85	外壳	CRT、印刷线路板
钯	0.0003	95	导电、延展	印刷线路板、连接点
锰	0.0315	0	结构支撑、磁性	外壳、CRT、印刷线路板
银	0.0189	98	导电	印刷线路板、连接点
铋	0.0063	0	湿润剂	印刷线路板
铬	0.0063	0	装饰、硬化	外壳
镉	0.0094	0	电池、磷释放器	外壳、印刷线路板、CRT
硒	0.0016	70	整流器	印刷线路板
铌	0.0002	0	焊料	外壳
锗	—	50	导电	印刷线路板
铂	—	95	导电	印刷线路板
汞	0.0022	0	电池、开关	外壳、印刷线路板
砷	0.0013	0	晶体管涂料	印刷线路板
无机硅	—	—		
化合物	24.8803	0	玻璃	CRT、印刷线路板

资料来源：Hernandez，2001[197].

　　事实上，再生材料具有巨大的潜在市场，重要的是通过技术创新不断降低材料再生和利用的成本，使之在市场上能够与原生资源竞争，最理想的情况是再生材料能够通过经济可行的处理过程，恢复到能够满足原来的使用目的。

2.1.4　电子废物中的有害物质

　　电子废物中的有害物质主要涉及两大类。首先是卤素阻燃剂，主要存在于塑料电线皮、外壳、线路板基板等材料中，目的是防止电路短路引起这些材料着火。其中，溴代阻燃剂（Brominated Flame Retardants，BFR）从防火效果和经济性来看，在各种阻燃剂中是最佳的，因此在电子产品中得到广泛应用。

　　电子电机产品塑料中大约有 2.5% 含有溴代阻燃剂，电子产品塑料中使用的溴代阻燃剂约占全部溴代阻燃剂市场的 56％[139]。由于在燃烧或加热处理过程中会成为潜在的二噁英①来源，含有溴代阻燃剂的废弃塑料已经被一些国家确定为有毒污染物，需要特殊处理，以降低环境危害②。

为降低生产过程中使用的塑料原料的毒性，开发卤素阻燃剂的替代产品，或采用其他可以防止着火的产品设计方案，已经成为技术发展趋势[140]，目前已经有包含美国、日本、韩国、中国、欧洲一些国家和中国台湾地区在内的 20 多家厂商能够提供无卤素印刷线路板材料[141]。欧盟电子废物条例规定 2006 年以前，所有在欧盟市场上销售的电子产品中，不得含有溴代阻燃剂。目前一些国家已经采用基于自愿原则的生态标签制度（表 2-4），鼓励厂商在电子产品中使用溴代阻燃剂的替代方案。

其次是重金属污染，电子产品的印刷线路板和显示器的阴极射线管 CRT 玻璃中都含有较多的重金属物质。重金属对环境和健康的危害主要表现在废物填埋或处理过程中重金属溶解导致的地下水污染。欧盟电子废物条例规定，到 2006 年，欧盟市场上的电子产品中不得含有四种重金属物质：铅、镉、汞和六价铬，这四种物质对人类健康的影响已经得到确证③。

显示器是电子计算机和电视机的重要组成部分，传统的阴极射线管显示器废弃后的重金属污染问题比较严重。表 2-5 显示了一台 14 英寸彩色显示器的物质构成，其中 CRT 的重量占总重量的 50％以上。显像管（CRT）玻璃中含有大量的铅，用于阻挡有害射线对人体的辐射伤害。显像管的处理是电子废物立法管理中的重要内容。一些国家和地区都对废弃显像管的回收处置制定了专门的管理办法。

---

① 二噁英属于卤化三环芳烃类化合物，是由 200 多种异构体、同系物等组成的混合物，主要来自垃圾焚烧、农药等含氯有机物的高温分解，或不完全燃烧，有很强的毒性，并且非常稳定，被确认为一类致癌物质。

② 由于卤素阻燃剂在电子产品防止短路失火方面的重要用途，加上改进垃圾焚烧炉可以有效避免燃烧过程中二噁英的生成，不少研究者也反对将卤素阻燃剂列为禁止使用的物质，相关争论可以参考国际溴化物科学与环境论坛，网址为：http://www.bsef.com。目前我国环保部门还未将卤素阻燃剂列为需要特殊处置的危险废物（据访谈）。

③ 铅在体内积累能够破坏人体的中枢神经系统、内分泌系统和肾脏功能，是引发许多慢性疾病的重要因素。人类活动导致铅在自然环境中的不断累积也会对自然界中的植物、动物和微生物造成毒害。镉可以通过呼吸和食品进入人体，容易在体内积累，会破坏肾脏功能，长期接触可以致癌。汞污染土壤和水源，可以通过食物链富集，对人体的大脑神经系统具有破坏作用。六价铬很容易被细胞吸收，是工业社会中的一种典型污染物，能够引起呼吸系统的过敏性反应，并且可能对人类的遗传基因产生不良影响。

表 2-4 与阻燃剂相关的电子产品生态标签制度

Table 2-4 Eco-labels of Electronic Products Related to BFR

国 家	生态标签名称	针对产品	制定时间
德 国	蓝天使 (Blue Angel)	复印机	1990 年
		个人计算机	1994 年
		打印机	1996 年
		电视机	1998 年
		笔记本电脑	1998 年
		传真机	讨论中
荷 兰	环境标志 (Milieukeur)	个人计算机	1996 年
		电视机	1994 年
		复印机	讨论中
北欧国家	白天鹅 (Nordic Swan)	复印机	1995 年
		个人计算机	1995 年
		打印机和传真机	1996 年
瑞 典	TCO	个人计算机	1995 年
		笔记本电脑	1998 年
欧 盟	欧盟生态标签	个人计算机	1998 年(尚未正式实施)
		笔记本电脑	讨论中

表 2-5 一台 14 英寸彩色显示器的物质构成

Table 2-5 The Composition of a 14-inch color display

部 件	物质成分	重量(千克)	占总重量的比重(%)
外壳	塑料	2.032	17.38
CRT 防爆装置	钢	0.213	1.82
CRT	—	6.227	53.27
(阴罩板)	(钢)	(0.455)	(3.89)
(屏幕)	(玻璃)	(3.356)	(28.71)
(射线管)	(玻璃)	(1.731)	(14.81)
(射线枪)	(钢、玻璃、铜、塑料)	(0.096)	(0.82)
(线圈)	(铜、钢、塑料)	(0.589)	(5.04)
金属构件	钢	0.542	4.64
集成电路块	集成电路、树脂、铜、钢	1.676	14.34
导线	铜、塑料	0.661	5.65
橡胶部件	橡胶	0.048	0.41
塑料部件	塑料	0.291	2.49
总计	—	11.690	100.00

资料来源：Lee，Chang，el. 2000.

CRT 不同部位的玻璃含铅量存在很大差异，表 2-6 显示了不同 CRT 玻璃的物质构成和功能。从科学研究的角度，对于 CRT 玻璃的实际毒性存在一定的争议。尽管科学试验证明 CRT 玻璃中的铅的确存在融解渗漏的潜在危险[142,143]，但也有人认为这种危险被夸大了，试验所反映的融解渗漏条件与填埋场和一般处理场所的实际环境并不相符[144]。产业界对铅的处理也有不同的看法，铅在电子产业中有非常广泛的利用。一些业内人士强调采用合理的方式回收处理电子废物中的铅在大多数情况下是非常安全的。而使用铅的替代物往往代价高昂，并且其环境影响的后果并不明确。不过，CRT 玻璃中的铅的潜在危害性已经得到越来越广泛的承认，对其废弃后的立法管制也势在必行，争论的焦点在于管制的方式，最直接的途径是寻求合理的方式促进 CRT 玻璃的再生利用，同时鼓励寻求经济可行的替代方案，单纯禁止填埋无助于问题的解决①[145]。

表 2-6　不同 CRT 玻璃的物质构成和功能
Table 2-6　The Composition and Function of different CRT glass

类　别	成　分	基本功能
屏幕	0～4％碱性铅氧化物、硅酸盐	光学玻璃、X 射线感应、色彩控制
射线管	22％～28％碱性铅氧化物、硅酸盐	阻挡 X 射线
射线管颈	30％碱性铅氧化物、硅酸盐	连接射线管、吸收 X 射线
射线管柄	29％碱性铅氧化物、硅酸盐	容纳导线、吸收 X 射线
射线枪托	硅酸盐	密封
玻璃填充物	70％～85％碱性铅氧化物、硼酸盐	散热

资料来源：Lee，Chang，el. 2000.

目前为止，还没有技术上满足需要，经济上又可行的替代材料可以完全取代电子产品中使用的一些有毒物质。尽管欧盟、日本等国家和机构都立法规定了限制在电子产品中使用一些有毒物质的目标，但是对于这些立法规定，厂商、环境保护组织和学术领域对于其中的有毒物质的具体定义、替代产品和技术方案的可行性、回收目标的合理性等问题都还存在广泛的争议。

2.1.5　重复使用问题

由于大部分电子产品的生产者都利用技术创新，促进产品升级换代，客观

① 这个问题在后来显示技术从 CRT 到 LCD 的转型中愈加凸显出来，激进的技术转型实际上将传统废 CRT 玻璃最有价值的循环利用途径给断送了。目前，废 CRT 玻璃的处理仍然是电子废物处理中的一个主要难点。

上造成电子产品的使用周期大大缩短，使用寿命短于物质材料实际能够使用的年限。其中以计算机最为典型，表2-7列举了 Stanford Resources 公司1999年对美国市场上的计算机产品平均使用寿命的调查，反映了这样一种趋势。

表 2-7　一些电器的平均使用寿命

Table 2-7　The Average Life-span of Some Electronic Equipment

（单位：年）

	首次废弃的使用年限	全部使用年限
PC-386	4	4～6
PC-486	3～4	4～6
PC-奔腾 I	3	4～5
PC-奔腾 II	2～3	3～4
大型计算机	7	7
工作站	4～5	4～5
计算机显示器（CRT）	4	6～7
电视机	5	6～7
笔记本电脑	2～3	4
计算机外设	3	5

资料来源：Stanford Resources，Inc.，1999.

由于电子产品从第一次废弃到实际进入最终废物处理阶段还有相当长的过程，重复使用是电子废物处理的重要环节。重复使用包括经过简单翻新处理后进入二手市场的废旧产品和拆解下来重新利用的元器件。事实上，二手市场是延长产品使用寿命的重要途径，但是由于不像新产品市场那样存在严格的厂商责任制度，二手市场上的交易存在较大的风险。并且简单地翻新组装会降低产品的性能，从能源使用效率和产品安全稳定性的角度来看，并不是一种最佳选择。

如果能在设计中有所考虑，元器件的重复使用实际上是可行的。最典型的例子是金融系统广泛使用的 ATM 机。ATM 机作为一种电子终端设备，97％以上是不断循环使用的，使用年限达到15年的 ATM 机，其中至少有20％的零部件与新零件相比性能没有明显下降。而 ATM 机在设计中是考虑到其循环使用的，因此从产品标准、材料和使用上都为重复使用创造了便利条件。另一个例子是苹果公司开发的 Power Macintosh 7200 产品，也特别强调了所使用材料重复使用问题，一方面，产品本身使用的材料85％以上是可以通过现有技术再生利用的；另一方面，产品通过模块化设计，使得60％以上的零件可以在同一系列的产品线之间互换使用，增加了用户产品升级的选择[146]。

不过，厂商从自身利益角度出发很有可能人为地采用阻碍部件重复使用的技术，以巩固和扩大自己产品的销售市场。其中一个典型的例子就是打印机墨盒中的智能芯片。打印机耗财是利润非常高的行业，大大超过打印机本身。打印机生产者常常通过安装检测墨水的智能芯片来识别墨盒是否为本厂生产的原装产品，从而阻碍用户循环使用填充墨水的墨盒或采用其他兼容产品。这种除了妨碍循环利用，而没有其他实质用处的芯片却经常被厂商冠以某种特殊的优越性，反而要由购买者为其支付成本。由此引起有关智能芯片的长期争论。2002 年 11 月欧盟议会通过的电子废物管理条例中规定禁止打印机生产商通过此类途径强迫消费者购买它们自己品牌的打印墨盒[147]，从而肯定了对旧墨盒进行重复使用的合理性，并保护了众多从事墨盒维修和重新灌装业务的中小企业，以及用户选择循环利用产品的自由。我国目前正在着手制订墨盒市场标准，有关这一问题的争论还在激烈进行之中[148]。

2.1.6　电子废物的再生处理过程

整个电子废物的再生处理过程包括回收、拆解、分选和处理 4 个步骤，如图 2-1 所示。其中回收阶段由地方政府或生产者负责。再生处理阶段的企业可以分为两大类，一类是初级处理者，这类处理者通常根据所回收的特定产品种类进行专业化分工，如电子废物、废纸、废汽车、旧家具等。电子废物的初级处理者通常会对回收的废旧产品进行翻新处理后，将重新组装的整机或部件拿到市场上销售，这类处理通常都是手工进行的，自动化程度比较低，但是利润较高。对于拆装后无法重新使用的部件，初级处理者会根据材料的物质组成分类，然后销售给二级处理者，进行进一步的回收处理。

二级处理者主要回收废物中的原材料，如金属、塑料、玻璃等，并根据所回收原料的种类进行专业化分工。在发达国家，二级处理者的自动化程度比较高，基本不需要手工作业，以降低劳动成本。对于二级处理者来说，规模经济是保证回收处理能够获得盈利的关键因素。二级处理者除了从初级处理者那里收购一部分废物以外，主要通过与制造商或大型机构用户合作，获得原料来源。

从消费者手中收集起来的电子废物被送到专业化的电子废物处理企业或机构进行处理。处理者第一步需要评估产品是否可以重复使用。通常产品的使

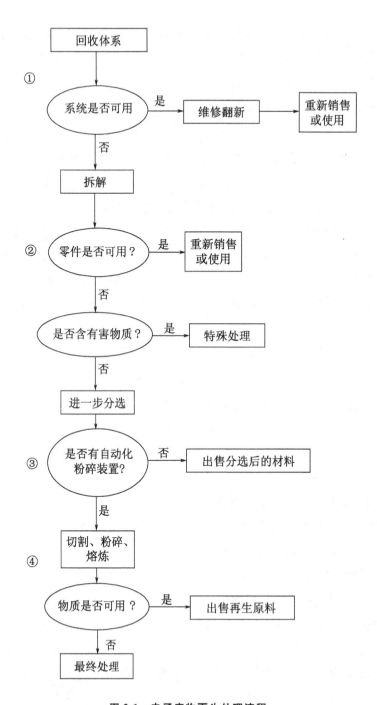

图 2-1 电子废物再生处理流程

Fig. 2-1 The Recycling Process of End-of-life Electronic Products

资料来源：根据 Stanford Resources，Inc.，1999 修改。

用年限是决定其是否能够继续使用的关键因素。厂商在工业设计中已经预先考虑了产品的一般使用寿命，系统的主要零部件的使用寿命往往是根据整个系统的预期使用年限设计的，因此超过产品设计使用年限，继续重复使用就会存在较多的质量隐患。不过，个别更新换代迅速的产品首次废弃时可能远远没有达到设计使用年限。以个人计算机为例，由于软硬件技术的升级速度不断加快，使得旧版本的系统无法满足新用户升级的需求，而不得不提前退役。其中，一些系统通过简单的硬件升级和翻新处理，就可以满足较低层次的使用要求。

第二步，如果翻新处理的成本高于翻新后的产品价值，就需要对系统进行手工拆解。拆解下来的零部件也需要逐一评估是否具有重新使用的价值。目前，大部分电子产品的拆解过程只能通过手工完成，自动化程度很低，这就使得拆解阶段在发达国家的成本过于高昂，限制了重新使用的经济可行性。进一步提高产品拆解的自动化程度，需要生产者在产品设计中予以重视。拆解下来的零部件中，需要把含有有害物质的部件，如电池、阴极射线管等分离出来，进行特殊处理。

第三步，是将剩余的部件按照成分进一步分选，根据需要回收的物质成分，将塑料、电线、线路板等归类。这个步骤可以在专业电子废物处理企业内部完成，也可以出售或转包给其他再生资源生产企业来进行。

第四步，最终处理阶段，可回收的材料通过粉碎或熔炼，有用的材料被提取出来，销售给生产者继续使用，而剩余的无法利用的废物则需要掩埋或焚化处理。

总之，建立电子废物的回收处置系统需要将废旧产品的重复使用、物质再生循环和有害物质的控制结合起来。通过设立循环系统，将生产、物流配送和再生处理过程连接起来。而这一系统需要立法和管理体制的支持，从而有效分担相关各方的责任利益，促进整个回收利用产业的发展。

2.2　电子废物问题的全球化

电子废物问题的全球化与电子产业的全球化关系紧密，一方面，牵涉废物的跨国贸易和污染的越境转移；另一方面，则涉及电子产业的国际竞争，两者相互交织，影响着政府和产业界对这一问题的态度和决策。

2.2.1 电子废物问题与电子产业发展的关系

20世纪60年代以来，一系列科学发现和技术创新给电子信息技术的发展带来了一场影响深远的技术革命。微电子技术从晶体管（1947）、集成电路（1957）到微处理器（1971）的连续革新，把人类带入电子产品时代。其中计算机技术的发展最有代表性，计算机信息处理的性能呈指数化增长，而单位存储成本却显著降低，两方面的力量推动了电子信息技术的广泛应用。

电子技术的快速发展和广泛应用促使市场竞争加剧，由此带动了生产组织形式的巨大变革，产业内垂直分工日趋细化，并围绕着响应技术和市场快速变化的目标，形成具有弹性专业化特点的跨国生产网络。厂商通过外包网络将产业链的不同环节彼此分离，在全球范围内寻找最适合的生产区位，结果一方面生产加工过程的空间格局呈现分散化，另一方面市场控制者和核心技术拥有者对整个跨国产品链的控制力却得到加强。在这样的竞争环境下，各国的电子企业间形成动态的、具有一定等级关系的、错综复杂的竞争与协作关系。

电子产业的竞争模式受到产业发展环境的影响而不断变化，并持续影响着其生产活动的全球转移。图2-2反映了全球电子产业竞争模式和创新目标的转变趋势。

20世纪70年代以前，各国的电子产业竞争是国防导向的高科技竞争，电子技术的应用领域和范围相对狭窄，各国，特别是超级大国，在技术研发方面的投入以追逐技术先进性和可靠性为目标，不计成本的投入使得短期内的技术突破性发展得以实现。发达国家在信息技术产业中的竞争主要出于国家安全的考虑。各国在核心技术领域的研发投入和追赶一刻也没有放松。美国在半导体、计算机、通信等电子信息领域一直保持着全球领先的地位，政府的军事购买在早期的技术创新中发挥了很大的作用。由于冷战时期，发展航空航天、导弹、飞机等产业需要大量高可靠性和高性能的电子产品，电子技术在军事采购的刺激下，获得了突飞猛进的发展。但是针对国防采购的技术产品如果没有合适的机制向民用转移，尖端的技术也不一定能带来市场的成功。

电子信息技术全面应用于经济发展是20世纪60年代以后才开始的，尽管军事购买和国防应用对于尖端信息技术的发展具有不可否认的巨大刺激作用，

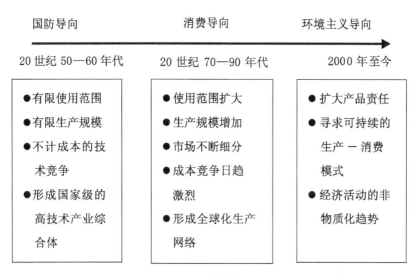

图 2-2　全球电子产业竞争模式和创新目标的演变①

Fig. 2-2　Transformation of Global Competition and Innovation in Electronics Industry

但是真正影响各国信息产业国际市场竞争力的却是信息技术产品的民用市场表现。图 2-3 显示了根据 Reed Electronics Research 发布的数据绘制的 2002 年全球主要国家电子市场销售和生产总值的对比图。

20 世纪 70 年代以后，随着电子技术的成熟，面向普通民用消费的电子产品市场发展迅速，电子技术的应用范围不断扩展，由此也导致电子产品生产成本竞争日趋激烈，生产过程标准化促进了加工生产活动向低成本地区转移。与低成本竞争相对的另一端是市场中心围绕消费者的需求而持续创新的高端竞争。产品的设计者、生产者和销售者不仅要以最快的速度满足消费者的个性需求和变化，而且通过各种方式，推动和引领消费者接受新技术和新产品。一个等级化的全球生产协作网络逐步形成。图 2-3 以国家为单位，所计算的电子产业包含电子数据处理、办公设备、自动控制设备、医用和工业电子设备、微波通信和雷达设备、远程通信设备、消费类电子设备和电子元件 8 类产品。该图反映出全球电子产品生产和市场的地理分布格局，生产和市场都主要集中在北

---

①　此图对环境主义导向的转向预期过于乐观，当初写论文的时候，欧盟的双指令对中国电子企业的冲击刚刚开始显现，企业如临大敌，生怕环保一项不过关而丧失市场竞争力。然而，多年以后回顾这场冲击的结果，感到消费主义导向的大趋势仍是主流，基于环境保护的可持续转型仍然困难重重。

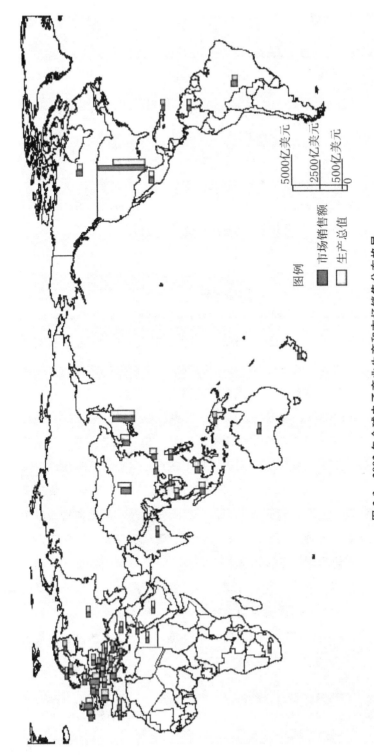

图 2-3　2002 年全球电子产业生产和市场销售分布格局

Fig. 2-3　The Spatial Pattern of Global Electronics Production and Market in 2002

资料来源：Reed Electronics Research，2003.

美、欧洲和东亚及东南亚几个地区。其中东亚和东南亚的生产水平超过了市场销售水平，而北美和欧洲是电子产品市场销售的中心。这种生产和消费的空间割裂由于电子产业内部产业链上下游分工的不断深入而得到强化。

电子产业链的垂直分工导致产业内不同环节之间存在大量的跨地区双向交易，在高端产品、核心技术和核心部件方面的竞争异常激烈，这种竞争成为各国企业在电子产业的全球价值链中向上攀登的主要途径。

20 世纪 90 年代以来，电子产业内以技术推动消费的创新激励模式逐渐臻于极致，厂商有计划地利用技术升级和价格下降，促进消费者不断更新产品。这种竞争模式开始受到质疑。毕竟这种单向的技术创新驱动不仅使生产者疲于奔命，而且消费者也开始有些厌倦了。在各种批评中，环保主义者的批评是重要方面之一，大量的电子废物不仅对资源造成浪费，而且加重了城市废物处理设施的负担。尽管从环保主义角度出发提出限制市场自由竞争的激进观点并没有得到广泛认同，但针对现有制度的改良呼声已经越来越强烈。生产者需要对自己的行为承担更多的责任，从而使环境保护目标都成为激励电子产业技术创新的方向之一。

除了立法强制推动，在全球环境保护主义力量的压力之下，知名的跨国电子企业纷纷将环境目标加入自己的企业公民责任内容之中，定期发布企业环境表现报告，加大环保技术研发，参与制订和实施环保技术标准，将环境保护目标融入供应链管理中。市场机制的信奉者相信通过扩大厂商的产品责任，将企业的环境影响成本内部化，可以促进生产者探索和遵循可持续的产业发展模式。而经济活动的非物质化趋势，也就是增加服务在产品价值中的比重，可以在有效降低经济发展中的自然资源消耗的同时，创造更多的劳动力就业岗位。电子废物管理制度的发展从一个侧面反映了这种产业竞争模式的转变。

2.2.2　电子废物的全球转移及影响

探索新的电子废物管理制度的尝试目前主要局限于部分发达国家内部，但是电子废物问题的实际影响范围却出现全球化的趋势。一方面，发达国家与发展中国家在再生资源生产和消费方面的既定格局使得发展中国家成为发达国家电子废物出口的重要市场，而随着发达国家管制措施趋于严格，又进一步导致电子废物的跨国转移，并将发达国家电子废物所造成的环境污染风险一并转移到发展中国家和地区；另一方面，电子产业的生产全球化使得发达国家的管制措施通过产业链而影响到发展中国家和地区的生产企业。

从前一方面来讲，显然应当要求发达国家对自身电子废物的输出承担起监督控制的责任，限制危险废物越境转移的《巴塞尔公约》正是基于这样一种逻辑。这种想法要求发达国家在跨国协调中愿意主动承担责任，这在实践中是相当困难的，比如美国就反对接受这种限制，认为《巴塞尔公约》①违背了自由贸易的原则。有人将美国的电子废物管理政策形象地称为"从摇篮到边境"，对于含有有害物质的电子废物运至本国边境以外处理的情况，实际上是采取一种放纵的态度[149]。即使是参加了这一公约，并在国内立法中增加了有关限制性规定的发达国家，对于自身所承担的责任的界定也存在很大分歧，特别是在电子废物这样的新领域，各国更难达成一致意见。

也有不少人从后一方面的影响出发，强调根据延伸生产者责任的原则，在全球商品链中承担了大量生产制造活动的发展中国家和地区的企业也应该在产品废弃以后，负责收回自己生产销售的产品。这种观点只看到了全球生产转移的表面现象，而没有看清这种生产分工格局中实际的权力关系。发展中国家的生产企业在产业链中对产品整个生命周期的控制力实际上是很弱的，即便是在奉行出口导向政策中起步较早的发展中国家，生产企业在技术创新和市场销售方面也依然非常依赖发达国家，这种依赖也体现在绿色技术开发和标准制定方面。由此，发展中国家的生产者在应对发达国家的电子废物管理制度的变化中，常常处于被动的地位。

电子废物的全球转移在废物跨国贸易中很有代表性。伴随着经济全球化的不断深入，跨越国境的废物转移越来越频繁，成为环境问题全球化的重要内容之一。事实上，废物的跨国转移和污染问题已经成为经济全球化中的重要负面影响之一[107]，而造成这一负面影响的主要原因之一正是将消费后的废物问题与产品的"生产—消费"阶段割裂开来，致使生产者和消费者对废物处理采取放任和逃避的态度，而这恰恰可以看作发达国家传统的废物管理制度在空间上的延伸。电子废物的全球转移既包含可利用废物贸易中的国际分工，也包含危险废物的跨国转移，两者尽管在废物管理制度中是分开讨论的，但相互之间由

① 有关《巴塞尔公约》形成的全球废物流动管制的框架在电子废物研究中成为一个重要的议题，《巴塞尔公约》以 OECD 国家作为区分发达国家和发展中国家的一个标准，将废物流动的空间限制在 OECD 国家内部，但全球生产网络的联系格局显然已经超越了 OECD 国家的范围。

于划分界限的复杂性，彼此也紧密联系，相互交织。

（1）电子废物再生利用活动的国际分工

电子废物管理制度的空间差异对再生利用活动的技术创新、加工处理活动和市场消费的空间格局产生了重要影响。严格的环境保护标准并不总是增加当地的生产成本，导致企业丧失竞争优势，而是可以转变为一种创新的激励因素，促进环境保护的技术创新，成为新的竞争优势的源泉。从废物再生利用的技术发展来看，发展中国家和发达国家目前在资源再生领域的专业化分工支持了这一观念，在"可回收"废物及其再生产品的国际贸易中，发达国家从事了较多的废旧资源回收和再生工作，而发展中国家则成为再生资源的主要消费者。

由于技术能力的限制，一些相对高质量的再生资源生产活动往往局限在发达国家[109]。同时，不断降低的跨国交通和交易成本，促进了可利用废物的国际贸易，以及废物处理和再生循环产业内部的跨地区分工协作[150]。以澳大利亚的废旧电脑贸易为例[151]，在澳大利亚收集的废弃电脑被出口到菲律宾，在那里进行人工拆解。一些旧电脑配件被出口到中国重复利用。而粉碎的线路板被重新进口到澳大利亚，用于一些稀贵金属和有色金属的提取。佳能公司在全球回收和加工废弃墨盒的例子，也体现了这种再生利用产业中的国际分工，佳能公司把在全球市场回收的废弃墨盒运到美国旧金山的墨盒收集中心，经过分选后，运到中国的大连加工处理，以达到重复使用的目的[96]。

（2）电子废物跨国转移中的"有害废物"转移

电子废物跨国转移受到关注的一个重要原因在于电子废物的出口涉及"有害废物"贸易。有关电子废物中的有害物质争论非常激烈，事实上有害废物贸易本身就非常难以准确界定[152,153]。不仅定义非常复杂，变化不定，而且常常被高度政治化[107]。由于电子废物中的有害物质大多是指不恰当的回收处理方式下存在潜在危险，因此是否将含有这些物质的废物定义为有害废物，不仅各国之间存在激烈的争论，产业界和科学界也很难达成一致意见。而且废弃的电子产品与可以继续使用或翻新处理的二手电子设备之间很难进行准确的区分。不少产业界的人士认为进口二手电子设备会比进口新产品更为危险，显然有些荒谬。

不过，发达国家内部对电子产品中使用有害物质的限制，以及废物处理的要求越来越严格,电子废物处理过程中为遵守这些规定而付出的代价也越来越高昂,这给电子废物的跨国贸易创造了巨大的利润空间。电子废物的跨国贸易实际上存在分化,一类是发达国家之间出现的电子废物交易,一些国家由于环境保护标准的差异,或者拥有处理规模的优势,可以为邻国提供专业化的电子废物回收处理服务,电子废物处理成为该国环保产业的一部分,这种交易在欧盟国家内部大量存在;另一类,则是发达国家与发展中国家之间纯粹利益驱动下的废物贸易,由于发展中国家监控能力相对欠缺,这类贸易导致跨国污染的可能性就大为增加。

近年来,国际机构通过了一系列有关危险废物越境转移控制的国际或区域性协定,特别是 1989 年联合国环境规划署制定的《控制危险废物越境转移及其处置的巴塞尔公约》[154],通过了成员国共同承认的有害废物清单。其中规定除了"可回收"废物贸易以外,发达国家向发展中国家进行所有此类废物贸易都是非法的;并且给予发展中国家基于保护自身生态环境的目的,单方面对废物进口进行限制的权力。《巴塞尔公约》继承和强化了发展中国家与发达国家在废物再生利用活动方面的分化格局。也就是说,限制有害废物从发达国家(1994 年第二次成员国会议所做的 II/12 号决议中为全体 OECD 国家,1995 年第三次成员国会议所做的 III/1 号决议扩大到欧盟全体成员国和列支敦士登)向发展中国家转移,但是不对发达国家内部有害废物转移进行强制限制。其最主要的理由在于发达国家之间的危险废物贸易可以促进区域范围内有害废物处理设施能够尽可能实现规模经济。

由于电子废物是一种复杂废物,在《巴塞尔公约》规定的范围内,即便是公约成员国对具体如何在电子废物贸易中适用《巴塞尔公约》的条款,也存在很大的争论。各国在具体实践中的规定并不相同,见表 2-8。由于存在回收—拆解—加工不同阶段的复杂的分工协作关系,《巴塞尔公约》对目前实际存在的电子废物跨国交易的限制作用存在很多争论,这一点在后面有关中国的电子废物管理中还会进一步讨论①。

正因为电子废物问题中可利用废物贸易与有害废物贸易相互交叉,增加了电子废物跨国转移管理的复杂性。由于与"生态倾销",有害废物出口等灰色

---

① 《巴塞尔公约》框架下形成的危险废物跨境转移的管理体制对全球废物贸易产生了深远的影响,像电子产品这样的复杂产品,其消费后的拆解循环利用的复杂性并不比生产过程低多少。对这一问题的研究,在我们后续的调研中有更深入的案例。

表 2-8　巴塞尔公约和一些国家对部分存在有害物质的电子废物的贸易限制

Table 2-8　The Trade Limits on Hazardous Materials in End-of-life Electronic Products

	完整线路板	粉碎线路板	阴极射线管	含卤素阻燃剂的塑料	电脑或显示器整机
巴塞尔公约	限制	限制	限制	不明确	限制
澳大利亚 *	限制	限制	限制	不明确	限制
奥地利	不限制出口 OECD 国家，限制出口非 OECD 国家	限制	限制	不明确	限制
瑞士	限制	限制	限制	不明确	限制
美国 *	不限制	不限制	不限制	不限制	不限制
中国	禁止进口	限制进口	禁止进口	禁止进口	禁止进口

＊未正式批准实施巴塞尔公约出口禁令。

资料来源：Puckett, Byster, at el, 2002.

交易关联紧密，可利用废物贸易的监管就显得特别复杂。而且废物贸易在公众心目中形成了根深蒂固的负面形象，因此，许多发展中国家作为再生原料的进口国，对这类贸易采取了非常谨慎的态度，对交易产品的种类、质量和来源地的限制都越来越严格。

对于以中国为代表的发展中国家在电子废物的全球转移中到底应该采取什么样的政策，研究者的态度并不相同。以硅谷毒物联盟和巴塞尔行动组织为代表的一方，坚决反对电子废物的跨国转移，并认为即使发展中国家和地区拥有了最先进的处理技术和管理手段，将发达国家的废物转移到发展中国家也是一种缺乏正义和不负责任的行为，没有理由让发展中国家承担发达国家消费带来的生态负担。这一派对中国政府严格禁止进口电子废物的政策表示赞同，并且积极地向美国政府施加压力，要求美国政府正式签署《巴塞尔公约》，并按照公约要求对电子废物的出口进行限制[8]。

此外，也有一些研究者从中国的实际情况出发，认为从中国参与全球化的过程来看，完全禁止电子废物进口并非一个合理和可行的解决方案。即使按照《巴塞尔公约》的精神，危险废物处置在具有处理技术能力的国家之间转移对于提高废物的再生利用水平和处理设施的专业化、规模化方面也是有益的。中国可以通过参与全球合作，提高本地电子废物再生利用的技术水平，并特别强调这是中国电子产业参与全球化生产所必须面对的[155]。

要对这两种观点进行评判，就需要详细分析发达国家电子废物管理制度的发展过程，和中国电子废物问题的现状。

第3章　各国（地区）电子废物管理制度

发达国家的电子废物管理制度目前尚处于探索阶段，由于管理制度改革涉及的利益相关主体非常复杂，因此不论对管理制度应当适用的原则，还是具体的管理措施都存在较多的争议。不过在电子废物管理中适用延伸生产者责任的原则已经逐渐为越来越多的国家所接受，但各国在采纳这一原则的过程中，还必须结合本国现有的废物管理制度特点，并充分考虑到提升本国电子产业竞争力的需要，因此具体规定和操作方式存在不少差异。

3.1　背景——发达国家废物管理制度的演变

对废物排放的管制是各国环保立法中的重要方面。发达国家废物管理制度的演变牵涉了地方政府公共职能的转变和环保立法原则的变化，这些变化直接影响到工业界和消费者在废物管理过程中的态度、责任和行为。

3.1.1　作为公共政策的城市废物管理

19世纪末20世纪初，发达国家工业化带来城市规模的急速膨胀，由于市场机制在解决当时的城市垃圾问题方面所存在的局限性，废物问题日益严重地威胁着城市居民的卫生与健康。为了解决这一问题，越来越多的城市开始由地方政府承担起城市垃圾的收集处理职责[156]，这一转变使得废物管理与城市规划紧密结合起来，成为现代城市管理的一项重要职能[16,62]。

将城市废物管理作为一项公共政策来进行，极大地提高了废物管理活动的规模经济，使得市场中无利可图的废物收集处置活动得以有效组织和规范化管理[157]。然而这种方式也将废物的产生过程与处理阶段分裂开来，从而间接促使了日后废物问题的恶化，并使得废物问题在技术解决道路上逐渐走入了一个死胡同。一度被广泛使用的垃圾填埋方法在发达国家造成越来越多的地方社区纠纷和诉讼，"别在我的后院"（Not In My Back Yard or NIMBY）成为公众对垃圾填埋场选址的本能反应。垃圾焚烧曾经被当作一个很好的解决方案，但焚烧气体和残渣变成了更加令人头痛的有毒物质难以处置。废物的再生利用作为逐渐受到青睐的解决方案，在现实发展中却步履维艰，而且根本无法跟上大量废物产生的速度。问题在于废物管理制度始终只能局限于废物处理的最后阶段，"没有在物质流的最初阶段发挥作用，这一阶段常常被环境政策所忽略。而从生态角度看，最初阶段是造成废物问题的重要原因之一"[43]。

3.1.2 管理原则转变

发达国家的环境立法原则经历了从生产过程中的末端排放控制到将厂商的产品责任延伸到产品整个生命周期的转变。早期工业污染中较为严重的是空气和水的污染，环保立法集中在对末端排放的控制上，控制手段包括征收排污费、排放总量限制、制定环境技术标准等[158]。随着工业化的进一步发展，末端排放控制的局限性不断显现。首先，末端排放限制不能从根本上解决废弃物，特别是有毒有害废物的产生问题，随着环保标准的不断提高，最终废物的处理成本也越来越昂贵；其次，环保立法和管理措施大多局限于国家的范围，由于国家之间经济发展水平和环境保护标准存在差异，企业有可能通过转移生产区位，逃避末端排放的法律限制。污染问题只是转移了，而不是得到彻底解决。因此，环保立法者从过去主要督促政府严格环境立法和制订环境技术标准，转向寻求新的经济手段激励生产者在产品生命周期的不同阶段采取降低污染和物质能量消耗的技术措施，从而在根源上促进产品环保设计的推广和应用，并影响消费者转变消费模式。

（1）污染者付费原则（Polluter Pay Principle）

20 世纪 70 年代开始确立的污染者付费原则是环保领域的一项重要突破。

污染者付费原则作为一项经济原则是指"通过合理分配污染预防和控制手段的成本鼓励稀缺的环境资源得到有效的使用，避免国际贸易和投资中的市场扭曲现象"，这一原则意味着污染者必须根据权威部门制定的环境标准承担污染治理的成本，也就是说生产或消费过程中造成的环境污染的治理成本应当体现在产品或服务的价格中[159]。根据这一原则，废物处理的社会成本应当由废物的制造者来承担，通过社会成本的内部化，使市场上的价格信号能真实地反映社会实际为环境污染支付的成本费用。

污染者付费原则最初主要局限于生产阶段，因此并不能很好地解决产品销售以后，直到消费后的废弃物处理问题。产品销售给消费者以后，消费者经过多年的使用，最终废弃时可能造成的环境污染责任是否仍然属于生产者造成的污染，这个问题很难得到令人满意的回答。毕竟消费者的购买决策和消费方式对废物的产生和处置也会产生很大的影响，但生产者对产品的属性和消费者的消费方式又有很强的控制力。此外在生产和消费过程之间，还存在一个复杂的市场销售网络，超越生产过程以后的废物问题，所涉及的相关主体更加复杂多样。不过，由于长期以来，城市废物管理都由地方政府承担了，产品消费后的废物问题因此被生产者和消费者所忽视。

（2）扩大产品责任

从生产过程的污染控制转向扩大产品责任是发达国家环境保护政策的重要发展。扩大产品责任意味生产者不仅需要对生产阶段的污染问题负责，而且将在降低产品全部生命周期的环境影响中承担更多的责任，这种转变是对污染者付费原则的重要发展。欧盟提出的综合性产品政策（Integrated Product Policy）是这种转变的代表。正如前面所讨论的，一个产品的生命周期往往既漫长又复杂，从资源开采，到设计、加工、制造、推广、销售和使用，直到最终成为废弃物，整个过程中所涉及的不同主体包括设计师、生产者、推销人员、零售企业和消费者等。综合性产品政策希望能够激励所有这些参与者在产品生命周期的各个阶段改善产品的环境属性，从而降低整个生产消费过程的环境影响，并服务于可持续发展的基本目标[160,161]。

综合性产品政策的特点在于所采用的政策手段的多样性。由于产品、服务的种类繁多，产品生命周期各个阶段所牵涉的主体也非常复杂，不可能使用单一的政策工具处理如此复杂多样的关系。综合性产品政策力图将强制管理措施与非强制性的自愿措施，以及适合市场经济条件下的各种经济手段结合起来，包括税收政策、技术标准、自愿性协议、生态标签和产品设计指导等。总之，综合性产品政策的提出既反映了发达国家环境保护政策从末端排放的污染控制转向更全面的产品生命周期内的环境管理，也反映了管理手段的多元化和参与主体范围的不断扩大。

扩大产品责任在废物管理中的重要体现在于延伸生产者责任原则的提出[162]。欧洲在 1990 年代初最早提出了"延伸生产者责任"（Extended Producer Responsibility）的概念，近年来美国也提出了类似的概念"产品全程服务"（Product Stewardship），日本则提出了"循环型社会"的概念，这些概念、方案尽管在具体操作细节上存在差异，但实质上都是探索将产品生产者的责任扩展到产品废弃后的回收利用和环境无害化处理阶段。以此促进所有参与设计、制造、使用和最终废弃物处理的各方主体必须共同承担降低产品环境影响的责任，以及相应的经济成本，同时引导消费者改变消费模式，关注非物质化的产品服务功能。

延伸生产者责任原则既继承了污染者付费原则的精髓，强调通过合理分配污染控制成本，促进相关主体采取有利于废物减量和循环利用的技术和管理方法；同时它也可以看作综合性产品政策整体框架的一部分，在实践中着重关注产品废弃后的回收责任问题，所采用的政策手段也是多样化的，既包括强制性的标准和义务，也包括非强制性的经济手段和自愿行动。延伸生产者责任原则在电子废物管理中的应用将在后面详细讨论①。

（3）利用消费者决策的影响力

管理手段多元化的一个重要基础在于政府管制以外的消费者决策影响力可以被环境保护主义者充分调动起来，并通过各种不同的途径加以利用。随着信息技术的广泛采用，全球范围内消费者获得知识和信息的便利性大大加强，消费者的决策权成为影响企业行为的一个重要方面[163]。利用消费者决策影响公

---

① 此处对生产者责任的论述忽视了一个重要的内容——绿色供应链管理，这也是早期 EPR 制度研究的一个缺陷，生产过程的片段化令"谁是生产者"这个问题在 EPR 制度的责任划分中变成一个棘手的问题。

司行为作为废物管理制度发展的方向，增加了立法的弹性，尤其对于类似电子废物这种时下正处于发展演变中的废物问题，可以促进各方利益主体进一步协商，探索合理的解决途径。这种方式的关键在于使消费者能够及时准确地获得与其决策和行动相关的信息和知识，具体包含以下几方面的内容。

首先，消费者的购买决策对生产者行为的影响。消费者对环境问题的关注可以促进产品生产者采取更负责任的态度。通过生态标签制度，定期公布企业行为调查报告，以及企业自身的宣传，可以向消费者传递有关产品本身及其生产、消费过程中的各种环境影响情况，包括生产者在生产阶段和产品消费后的废弃物处理问题。

其次，消费者的消费模式对生产者行为的影响。以电子产品为例，现有的大规模消费、大规模废弃的消费模式其实是生产者经营战略的反映，这种利用技术淘汰战略，促进消费者更新产品的消费模式满足了消费者对产品时尚、新颖的需求。而消费者对废物问题的关注，反过来可以促使生产者改变提供产品的既定模式，将废物处理纳入产品服务的范围中来。

最后，消费者参与废物处理过程对生产者行为的影响。在废物问题上，延伸生产者责任的原则要求生产者承担其销售产品的废物处理责任，不过在整个废物处理的过程中，消费者的积极配合是保证产品消费后能够进入正规的回收处理渠道的关键。

发达国家利用消费者决策的影响力促进绿色技术推广，首先是通过在政府采购中适用绿色采购原则。政府的绿色采购行动不仅为绿色技术产品创造了市场，而且可以在社会范围内有效地起到行为示范的作用，推动普通消费者理解和接受绿色消费的行为习惯。这种绿色采购制度也已经被越来越多的大型企业所采纳，成为自身的环境管理制度的一部分。

3.2 电子废物管理中的延伸生产者责任原则

发达国家电子废物管理制度的发展过程与废物管理制度和管理原则的演变有着密切的联系。电子废物管理中目前被广泛采用的延伸生产者责任原则广义上讲涉及了前一节中讨论的废物管理制度变化的各个方面，并不局限于厂商的回收责任。

延伸生产者责任（Extended Producer Responsibility）的概念自 20 世纪

90 年代初起源于欧洲，代表了发达国家废物管制模式的重要发展趋势[162,164]。在不到 10 年间，已经从学术界的讨论迅速扩展到立法和政策实践领域，影响范围从西欧国家扩展到日本、美国、中国台湾等其他工业化国家和地区，适用范围从废弃包装材料的回收处理逐步扩大到清洁生产、废旧电子产品和汽车的回收利用等更广阔的领域，采用的具体政策措施也日趋多元化。这一原则的广泛采用有可能对电子产业的技术创新和生产消费模式产生深刻的影响。同时，这一原则在各国立法和管理实践中的具体应用也存在一些差异，这些差异与各国的具体情况和政策目标有密切关系。

3.2.1　延伸生产者责任原则的概念和内容

延伸生产者责任是指通过将产品生产者的责任延伸到其产品的整个生命周期，特别是产品消费后的回收处理和再生利用阶段，促进改善生产系统全部生命周期内的环境影响状况的一种环境保护政策原则。这一原则体现了发达国家环境管制模式的重要转变。首先，环境保护的重点从以限制厂商行为为中心的生产阶段控制转向了以降低整个生产系统环境影响为中心的综合性产品政策（Integrated Product Policy），体现了工业可持续发展的系统变革思路；其次，在管制方法上，环境保护政策从"末端处理"向"源头控制"转变，通过综合利用各种法律和经济手段，激励生产者在设计和生产过程中考虑产品最终废弃后的处置问题，采用符合环境保护目标的技术工艺和材料；最后，就城市废物处理问题而言，从单纯依靠政府公共支出向更多元化的费用分担模式转变，以促进生产者和消费者共同参与废物减量化和再生循环利用的事业。

OECD 概括了延伸生产者责任原则的基本目标包括 4 个方面[162]：

（1）降低资源消耗；

（2）减少废物产生；

（3）促进采用环境友好的技术；

（4）促进循环经济实现可持续发展。

延伸生产者责任原则的具体内容包括[164]：

（1）经济责任。生产者需要承担其产品的全部或部分回收处理成本，这些成本可以由生产者直接支付给回收处理者，或通过向特定的基金组织缴费，实现集中管理。

（2）行为责任。规定生产者在那些阶段需要采取一定的行动参与产品的物资管理，及其应达到的目标。例如在设计阶段规定一定的回收比率，生产阶段限制使用一些确认的有毒有害物质等。

（3）信息责任。要求生产者通过不同方式提供产品及其生产过程的环境影响特性信息。包括绿色标签制度，以及在产品的不同部件上清楚地标明所使用的原料和物质组成，以利于回收处理。

在各国立法和政策实践中，采用延伸生产责任原则的内涵和具体措施存在一定差异，以欧盟国家和日本为代表的"延伸生产者责任"制度，强调政府立法强制规定生产者的回收责任和具体回收目标；而美国提出的一个类似的概念——"产品全程服务"（Product Stewardship），其内涵更为宽泛，将所有与产品废弃后回收处理有关的生产者、消费者、回收处理者及其他相关机构都纳入这一体系之中，并且特别强调这一原则应该是基于企业和各种相关组织自愿参加基础上的一种非政府行为。OECD 总结了各国的实践，提出采用延伸生产者责任原则需要遵循的一般性原则：

（1）政策应当能够激励生产者在设计阶段考虑到环境保护的要求；

（2）政策对创新的奖励应当关注结果，而不是实现结果的方式，从而为生产者采用不同的实现方法留有选择余地；

（3）政策应当考虑生命周期评价以避免环境问题转移到产品生命链的其他环节；

（4）责任必须明晰以避免产品链不同环节的多个主体互相推诿；

（5）考虑到产品的多样性，应针对不同产品的特点设计不同的政策模式；

（6）政策工具的选择应当具有弹性，考虑个案的特点，不能就所有的产品和废物设立统一的政策；

（7）延伸生产者责任应当加强整个产品链上不同主体的沟通；

（8）为了促进政策能够得到广泛接受和有效实施，需要各个利益主体参加协商资讯，就政策的目标、障碍、成本和收益进行讨论；

（9）需要征求地方政府的意见澄清其角色和具体实施办法；

（10）根据国家环境保护的优先问题、目标，自愿和强制措施都应当在考虑之列；

（11）对延伸生产者责任的项目进行全面分析；

（12）定期评价的原则，检查实施效果和存在的问题；

（13）逐步实施的原则，避免造成国内经济混乱；

（14）公开透明原则。

延伸生产者责任原则对产品的消费和生产都会产生巨大影响。首先对于消费者而言，由于生产者需要承担废旧产品回收的责任，回收处理的费用将提高产品的成本，尽管各国在规定具体的产品回收责任法案的时候，所规定的费用负担方案并不完全一致，有的直接规定厂商负担全部回收费用，有的规定销售商可以在销售产品的时候向消费者收取特定的回收专项费用，但回收成本终究是需要厂商和消费者共同负担的，因此，不论何种解决方案，对于消费者而言，产品价格上涨是最直接的影响。

而对于生产者而言，延伸生产者责任带来的影响则要广泛得多。首先，生产者在产品设计和生产阶段除了考虑产品价格和性能方面的差异化竞争，还需要更多地关注产品回收利用的问题。欧盟、日本等国都通过专门立法规定了不同产品材料回收利用的比率，此外，各国对产品原材料中所使用的可能导致产生有害废物的物质也有不同的限制要求。也就是说，各国的废物相关法规构成了一项重要的产品差异化竞争条件。

其次，传统由厂商控制的生产网络延伸了。生产者的物流配送体系不仅需要考虑如何连接原材料供应商和产品销售网，还要建立废弃产品的回收网络，以及将废物再生利用和环境无害化处理的企业纳入整体的生产网络中来，从而使生产网络真正成为"资源—产品—消费—资源"的循环体系。在这一过程中，生产者需要承担起选择和鉴别拥有技术能力和资质的废物处理企业的责任。在要求企业承担废物回收责任的法律环境下，企业可能通过产品设计、生产技术、回收管理手段等方面的创新，获得额外的竞争优势。

最后，生产者还需要参与宣传、教育和改变消费者观念习惯的工作。特别是通过产品宣传策略，向消费者传达相关信息，影响消费者的购买决策，并促使消费者主动配合废物回收网络的运行。

总的来看，生产者责任的延伸需要相关企业的共同行动，对现有的产业组织网络会产生何种影响是研究者非常关注的一个问题[165]。特别是在回收体系的建设和运行中，大企业在生产网络中的核心控制地位可能得到强化，由此影响到各国的国内市场结构[166]。下节中将详细论述这一原则在电子废物管理制度中的应用。

3.2.2 延伸生产者责任原则在电子废物管理中的应用

延伸生产者责任原则起源于废弃产品包装的回收利用问题，近年来，这一原则的适用范围不断扩大，特别是在电子产品、汽车等复杂的耐用商品回收利用方面，表现出明显优势。首先，多年来，生产企业为了推动市场消费，在设计中故意利用技术更新和改变零部件标准等方法，加速耐用消费品的更新换代，使得很多产品在远未达到其实际使用寿命时，就面临被用户淘汰的命运，这一点在电子产业中特别显著；其次，复杂商品包含更多具有回收利用价值的材料，其再生利用涉及较为复杂的拆解、分选和处理环节，需要整个生产链各个环节的配合，才能有效提高产品的回收利用效率；最后，就电子产品而言，迫于市场竞争的压力，生产者为了降低制造成本，在生产阶段已经建立起非常完善的材料管理体系，充分循环使用生产阶段产生的各种废物，通过一定的修改，这一体系就可以延伸到处理产品消费后的废弃物。因此，通过延伸生产者责任来解决电子废物的回收再生利用问题具有较强的现实可行性[167]。

目前，全球已经有16个国家和地区通过了各自的电子废物回收处理法案，采取了不同形式的延伸生产者责任制度。据预测，未来五年还将有28个国家拥有类似的法案，范围涉及全球主要的电子产品市场[168]。此外，以生产企业和非政府组织为主体的自发性回收处理项目在发达国家也大量出现①。将延伸生产者责任原则应用到电子废物的管理中，确立了生产者在整个废物管理体系中的中心地位。

电子废物管理的具体措施包括强制要求生产者全部或部分承担产品废弃后的回收处理责任和禁止使用物质的禁令，和一系列利用市场机制的非强制措施或经济手段，鼓励企业基于自愿原则，单独或与其他企业合作组织回收处理项目，以及在设计生产阶段采取措施，降低产品整个生命周期中的环境影响[169]。

图3-1总结了各种电子废物管理制度的分析框架。管理制度的出发点是在社会的经济利益与环境保护利益之间寻求平衡，管理方式可以分为纯粹政府管制（如政府部门和法院颁发的禁令）、纯粹市场调节，和介于两者之间的混合

---

① 根据OECD（2001）报告，延伸生产者责任制度包含了政府制定的强制实施的回收法案、相关的经济手段，以及产业界和民间非政府机构自发组织的回收处理项目。但从各国立法来看，主要强调的是法定的强制生产者回收责任。

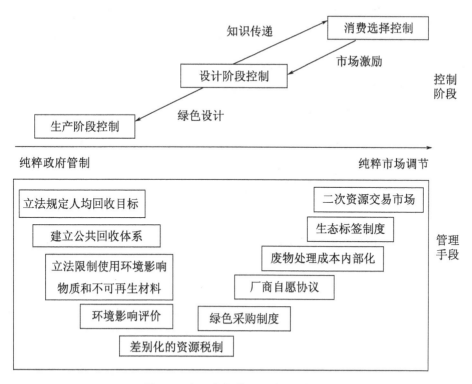

图 3-1　电子废物管理制度分析框架

Fig. 3-1　The Framework of the Regulations on End-of-life Electronic Products

形式。具体采用何种管制调节模式，则由实行不同方式的交易成本所决定。

（1）强制性措施

是否需要在电子废物处理中采取一定的法律强制措施是环保界与产业界之间争论的一个焦点。已经在电子废物管理立法中采用延伸生产者责任原则的国家，规定生产者必须承担的强制性责任包括限期禁止使用一些环境敏感物质，如重金属、卤素阻燃剂等；规定人均回收目标；规定利用现有的电子产品零售系统建立回收渠道或建立独立的社区电子废物回收网络；规定对电子废物处理者进行环境保护资格认证等。具体内容参见 3.3 节"全球电子废物管理的立法现状"。

（2）经济激励手段

对电子产品生产链上的不同环节征收环境税，可以起到影响相关主体决策的作用。比如对生产者使用原生资源与再生资源采用差别税率，或者降低国家对原生资源生产企业的补贴，可以激励生产者扩大使用再生材料。对可能造成环境污染的生产者征税，也可以达到降低这类材料的使用量，激励生产者研制和采用替代材料的目的。而税收收入可以用来补贴将来废物的处理成本[170]。

绿色采购制度是另一种常见的经济激励手段，政府、大型企业等电子办公用品的集团购买客户在采购过程中对厂商产品和服务的环境保护属性进行鉴别和甄选，可以有效提升对环境负责的生产者的市场竞争优势。

(3) 基于自愿原则的环境管理政策

生态标签和环保认证是通过特定的认证机构对符合环境保护要求的产品给予特殊的标志或资格证书，从而向消费者传递产品环境影响的信息，利用消费者的购买决策影响企业行为的一种非强制性的环保制度。最早的生态标签制度是1977年德国的"蓝天使"标志，此后这一制度在全世界获得广泛采用，应用的产品种类也越来越丰富。涉及电子废物管理的生态标签主要有德国的"蓝天使"标志、瑞典的"TCO"、加拿大的"环境选择"标志、欧洲计算机制造协会的环境保护认证、北欧国家的"白天鹅"标志、欧盟的"花"标志等。

在尚未采取立法强制回收处理电子废物以前，产业界也尝试基于自愿原则协商组织生产企业、消费者、回收处理企业、地方政府和相关非政府机构共同参与回收试验项目。这种形式以美国的国家电子产品全程服务项目（NEPSI）为代表，该项目得到国家环保局的支持，联合电子产业界和回收处理企业以及众多非政府组织在美国各地组织了多次实验性回收项目。其中，美国电子产业协会（EIA）于2001年10月，在几个州同时启动一项为期一年的测试项目，搜集资料比较哪一种回收模式在美国最为经济可行。参加该测试项目的制造商包括佳能、惠普、JVC美国公司、诺基亚、飞利浦电子、索尼等。

不少企业已经积极地参与到电子废物的管理中来，富士通与西门子公司计划数年内在欧洲逐步建立一个回收废旧电脑的网络，帮助电脑及相关设备厂商达到欧盟条例中规定的回收标准。摩托罗拉、惠普、诺基亚、IBM、索尼等全球知名的电子厂商纷纷推出自己的电子产品回收计划。其中一些企业开始尝试将自身在国内的环境保护实践延伸到海外子公司，即使当地还未建立任何相关的强制性环保法规，公司也尽量采用与国内一致的环境政策。自愿措施的推行者认为，这是解决电子废物处理的跨国协调问题的一条行之有效的道路。

企业之间还通过合作推动环保技术的发展。比如，欧盟委员会限制电子电机产品使用有害物质法草案中提出禁止在电子产品中使用铅、水银、镉等有害物质。欧洲三大半导体知名厂商 Philips、ST Microelectronics 和 Infineon 联合响应这一立法，推出无铅半导体元件标准。日本日立、三洋、东芝和 NEC 等五大半导体厂也陆续宣布自己的回收处理解决方案，并计划于 2003 年全面采用无铅封装技术。中国台湾工研院结合岛内 16 家知名厂商，包括矽品、日月光、华泰、神达、广达、神基、鸿海、南茂、华通、慎立、亚旭、南亚塑胶、微星、华宇、楠梓电、台达电等，组成环保构装联盟，联合研发锡银铜合金的无铅封装技术。

3.3　全球电子废物管理的立法现状

各国电子废物的立法管理尚处于研究探索阶段。根据各国具体的政策目标，立法的侧重点有一定的差异。有的侧重于限制生产者在电子产品中使用有害或潜在有害的化学物质，鼓励采用清洁生产技术；有的侧重于减少抛弃的电子垃圾总量，及由于焚烧或填埋引起的污染；有的侧重于扩大废物管理费用的来源，降低公共废物管理开支，同时使废物管理的成本内部化到产品价格中去；有的侧重于提高产品重复利用和再生循环，提高材料的使用效率，保持其最大价值；有的侧重于在全国范围内建立一个正规的电子废物回收体系。所有这些目标并不是单一一项法律制度可以实现的，而是需要逐步建立一整套政策法规体系。

3.3.1　欧盟

欧盟国家每年产生的电子废物总量大约在 650 万～750 万吨之间，大约占欧盟固体废物总量的 1%，占城市固体废物总量的 4%，但增长速度却远远高于其他固体废物的增长速度[130]。由于总量持续增长，以及含有对环境造成潜在危害的有害物质，欧盟 20 世纪 90 年代初就将电子废物与废弃包装材料和建筑垃圾一起列为优先处理的废物流项目。

　　欧盟的一些成员国自 20 世纪 90 年代初就开始了相关的立法尝试，如德国 1992 年就提出了"电子废物法令"草案，内容广泛覆盖各种废弃电子电机产品。不过，相关各方就法令的具体内容持续争论了多年，具体方案几乎每年都有所修改，目前已经进入立法程序的最后阶段。该法令规定地方政府负责回收电子废物，生产者则负责废物的处理工作。

　　奥地利在 20 世纪 90 年代中期出台了针对灯具和白色家电的回收法案，该法案要求在出售新产品时附加一定的回收处理费用，由此造成本地零售商在白色家电价格方面同临近的德国和意大利企业相比处于竞争劣势，于是法令修改为产品废弃时收费，费用也相应下调。1994 年又提出了新的覆盖所有电子产品的法令草案，目前还处于讨论阶段。

　　比利时 1998 年颁布了黑色家电和白色家电的回收处理法案，规定制造商、进口商、批发商和零售商有责任免费从用户手中回收所有的家电产品和信息技术产品，并规定了塑料、金属的回收比例。

　　丹麦 1999 年出台了新的电子废物管理条例，规定由地方政府负责回收处理各种电子废物，处理费用依靠地方税收或由最终用户交纳。这一规定主要是出于限制废旧电器出口的目的。

　　意大利 1997 年制定了几类耐用家用电器的回收处理法案。政府与产业界协商，共同建立一个覆盖全国的回收中心和处理设施网络。最终用户必须将废弃产品交给指定的处理者或管理机构。

　　荷兰 1998 年颁布实施了一项家电回收法，规定几种黑色家电和白色家电的回收率必须达到 45%。用户可以免费将废弃产品送还产品的销售商，并可以获得"以旧换新"的服务，用户也可以将废旧物品送到指定的机构，通常是社区原有的废物回收系统。产品回收之后由制造商或进口商依法按照产品重复使用、零部件重复使用和材料再生利用的次序负责对其进行处理。法令还禁止填埋和焚烧电子废物。回收处理的费用实际上包含在用户购买新产品的价格中，由零售商负责交给生产者，再由生产者交给荷兰金属/电子产品再生协会（NVMP），该协会负责运营全国各地的回收处理网络。荷兰几乎所有的电子产品生产者和进口商都选择加入这一协会，而不是建立自己的回收处理体系[171]。

　　瑞典 2000 年制定了电子废物管理法，要求用户在产品废弃时送还零售商或指定的回收机构，处理费用由地方政府或生产者承担。同时禁止填埋、焚烧或非法处理电子产品。该法 2001 年生效。

瑞士 1998 年开始实行电子废物管理法（ORDER）。该法要求生产者、进口商和处理企业回收所有的电子废物，包括立法以前销售的电子产品以及生产者已经破产消失的废弃产品。法律还规定电子废物进行粉碎处理以前必须先除去有毒物质。该法还规定了对电子废物出口必须获得瑞士环保部门的许可。不过该法并没有规定具体的回收目标和回收费用征集制度，因此很大程度上需要依赖消费者和生产者的自愿行为。

此外，奥地利、丹麦、瑞典等国还出台了有关限制生产者在产品制造过程中使用铅、镉、汞等有害物质的法规。英国、法国、西班牙、葡萄牙等国虽然政府不打算立法强制厂商承担电子废物的回收处理责任，但是要求产业界按照自愿原则协议组成国内电子废物管理的机构和执行办法。

另外还有一些国家在等待欧盟出台统一的电子废物管理指导条例（见表 3-1）。

表 3-1　欧洲各国电子废物回收国内立法现状

Table 3-1　The Legislation on Take-back of E-waste in European Countries

立法现状	国　家
已经立法通过	比利时、瑞典、瑞士＊、荷兰、挪威、丹麦、意大利
完成立法草案	奥地利、芬兰、德国
未立法但采取自愿回收行动	法国、英国、西班牙、葡萄牙
尚未采取任何行动	希腊、爱尔兰

＊非欧盟成员国。

1998 年，欧盟提出一项关于废弃电子电机产品处理的指令草案初稿，旨在协调欧盟成员国内部电子废物管理立法的差异。草案中列举了电子废物处理目标和相应政策原则，经过欧盟各成员国讨论，有关电子废物处理的指令提案终稿在 2000 年得以修改通过，内容变为两部分："关于废弃电子电机产品处理的指令提案"（WEEE）[130] 和"关于限制电子电机产品中使用有害物质的指令提案"（RoHS）[131]。两项提案充分反映了延伸生产者责任的基本原则，因此尽管尚未付诸实施，却已经引起世界主要 IT 生产厂商的极大关注。经过长期的争论，欧盟议会在 2002 年 10 月全票通过了这两个提案，进入立法的最后阶段，法案中的主要强制规定将在 2006 年开始实施。

2002 年 11 月，欧盟又提出另一项涉及电子产品环境保护属性的提案——环境友好的终端使用电子设备草案（EuE）[172]，旨在促进淘汰设备在欧盟范围内尽可能实现重复使用，并通过鼓励生产者研究、开发和采用生态设计，延长产品的实际使用寿命，降低产品整个生命周期内的环境影响，提高资源的有效利用率。该法案实际上是将旨在促进电子产品生态设计的"电子电机设备的环境影响条例提案"（EEE）和促进能源有效利用的"能源效率要求条例"（EER）两项议案合并。这一提案进一步将电子废物的回收处理问题与涉及产品生命周期内环境影响的综合性产品政策（IPP）结合起来。这些法令如果得以实施将会使欧洲各国在改变电子产品的创新、生产和消费模式方面的行动更加协调一致。

3.3.2 日本

日本针对废物减量和再生利用问题提出了建立"循环型社会"（Recycling Based Society）的概念，其道路是一种自上而下的立法推动模式：通过建立一整套废物管理的法律体系，在全社会范围内推动实现资源有效利用和废物减量化及再生利用的目标。

为了实现建立"循环型社会"的目标，政府从 2000 年开始修改、制定和颁布了一系列相关法规。其中《推进建立循环型社会基本法》包含了建立"循环型社会"的相关法律体系的基本框架，着重规定了政府在建立"循环型社会"的过程中需要承担的立法、管理、教育、宣传，以及政策和经济支持等各项责任。同时还推出了一系列专门法，如新修订的《废物管理和公共清洁法》、正在组织制定的《有效利用资源促进法》，以及已经实施的《家用电器再利用法》《食品再利用法》《推动绿色购买法》《建设再利用法》《容器再利用法》7项法律，规定了建立"循环型社会"的具体内容。

作为建立"循环社会"总体框架的一部分，日本 1998 年制定了《家电循环法案》，规定厂商需要对空调、电视、电冰箱、洗衣机 4 类大型家电产品的回收处理承担责任。该法案已经于 2001 年 4 月开始正式实施。该法规定用户在废弃电子产品的时候需要将废物送还零售商或政府指定的机构，并支付一定的回收处理费用，零售商再负责将废物送还生产者进行处理。法律禁止填埋电子废物或出口电子废物的拆解材料，结果一些生产者选择将尚未拆解的电子废物直接出口到东南亚的一些国家，在当地进行拆解或翻新出售。而消费者为了避免交纳处理费，在法案实施之前出现了大规模的淘汰更新废旧电器的行为。法案实施之后，废旧电器淘汰率一度下降，使得处理企业不能很快实现预定处理规模。非法弃置废旧家电的行为也有所增加。

2002 年 4 月 1 日，日本在电器循环法中增加了废旧电脑的强制回收制度，改用预先付费的方式，规定用户在购买计算机的时候支付处理费用。处理费用交由特定机构管理，用于资助回收处理活动。这种差别主要是因为电脑的淘汰更新频率远远要高于普通耐用家电，经费的预算、管理和保存相对容易一些[173]。

此外，日本政府还制定了《推动绿色购买法》，这也是一项全面促进废物减量和再生利用的重要相关法律，特别强调了政府采购在促进再生材料循环利用和废物减量化中的重要作用。由于政府机构是各种办公用品的消费大户，因此其产品采购、使用过程和废物管理的制度具有较强的市场影响力。《推动绿色购买法》中详细规定了政府使用的计算机等办公设备；纸张、墨盒等耗财；空调、电视等电器设备；公共建筑装潢材料、办公家具等各种产品采购过程、使用过程及废弃处置的相关制度和评价标准，为在全社会范围内实现"循环型社会"的目标建立了一种示范模式。

3.3.3　美国

美国民间环境保护组织与电子产业界就电子废物立法管制问题的争论很激烈，其中硅谷毒物联盟是民间激进的环境保护主义者的代表，强烈要求联邦政府和地方政府对电子废物管理采取更为严格的措施，在网站上定期公布主要电子厂商的环境状况调查报告，并发动普通消费者向这些电子产品生产企业发信，要求生产者承担废物回收处理责任。

而产业界从维护本国电子产业国际竞争力的角度对此问题也非常关注。产业界对于通过立法强制厂商进行电子废物回收处理采取了抵制的态度，当欧盟刚刚起草的电子废物管理指导条例草案中，提出电子产品生产材料中限制使用环境敏感物质和生产者需要承担废弃产品回收责任的规定时，美洲电子协会（American Electronics Association）立刻对此提出异议，声称这一提案违背了WTO 有关自由贸易原则，人为设立市场壁垒，妨碍了产品技术创新和自由贸易，主张电子废物管理应该遵循自愿协议的原则，而不是诉诸法律强制规定[174]。2001 年以美洲电子协会（AeA）、电子产业协会（EIA）、国家电子制造者协会（NEMA）和半导体产业协会（SIA）为代表的美国电子产业界再次针对欧盟新的电子产品环境条例草案（EEE①）提出反对意见，坚持认为基于自愿原则可以达到降低产品生命周期内环境影响的目标，而不会给消费者增加额外的负担，不会阻碍技术创新和人为增加贸易壁垒[175]。

政府部门的态度比较折中，力图在产业界与民间环境保护主义力量之间寻求调和与妥协[176,177]。在环境保护局的支持下，电子行业与其他利益相关主体共同成立了一个基于自愿原则的协调机构——国家电子产品全程化服务启动项目（National Electronic Product Stewardship Initiative，NEPSI），负责在全国范围内建立一个电子废物管理体系，将电子废物回收处理的成本纳入生产成本中，并在各地组织了一系列试验回收项目，以期建立适合当地环境的回收体系和管理办法[178]。

不过，就具体的协议内容，相关主体的争议很大，焦点在于回收处理费用的管理模式。NEPSI 内部存在两种模式的争论，一种是购买新产品时附加回收处理费，用于资助回收处理活动，但是各方就这一费用应该用来支付哪些具体项目的问题难以达成共识；另一种模式是由地方政府负责电子废物的回收和整理，然后各厂商分别负担将废物从政府回收中心运走并处理的费用，这一费用将计算到各厂商自己产品的生产成本中去。具体采用何种模式还没有定论。

由于对具体的管理措施难以达成一致意见，美国到目前为止并没有形成全国性的电子废物管理法令，环境保护局（EPA）提出了一些原则性建议，包括提出在废物回收处理问题中适用生产者负责的原则，以及将废弃 CRT 确定为危险废物等。目前基本的政策导向还是推动地方政府根据本地实际情况制定相应的法律，但不排除未来制定类似欧盟管理条例的全国性法规强制生产者回收处理的可能性，事实上 NEPSI 也同意全国性立法对保证厂商参与回收利用活动是必要的。自 2000 年以来，先后有二十多个州开始尝试制定自己的电子废物专门管理法案（见表 3-2）。除了少数州已经正式生效以外，大部分还处于提案和审议修改阶段。此外，已经有不少大企业开始实施自己的电子废物回收处理活动。

---

① 2002 年被并入新的环境友好的终端使用电子设备条例草案（EuE）。

表 3-2　美国各州电子废物管理相关立法

Table 3-2　The Legislation on End-of-lif Electronic Products in The U. S.

法　令	主　要　内　容	时　间
阿肯色州 SB 807	要求政府部门制定其电脑回收利用和处理计划,并设立基金资助电子废物回收项目	2001 年 4 月 9 日生效
加利福尼亚州 SB 1523	建立 CRT 回收项目,并要求零售商向消费者收取附加费以建立回收基金	2002 年 2 月 20 日提案
加利福尼亚州 SB 1619	建立有害电子废物回收处理项目;要求生产者在产品上标注所使用的有害物质,并建立回收体系或向州政府交纳回收处理费	2002 年 2 月 21 日提案
佛罗里达州 SB 1922	令州环境署进行全面的电子废物流调查,提出报告和建议	2002 年 2 月 6 日提案
佐治亚州 HB 2	建立计算机处理回收委员会	2002 年 2 月 5 日众议院通过,参议院审议
夏威夷 HB 1638	要求健康署建立 CRT 回收项目	2001 年 7 月 23 日会议讨论,延期至 2002 年
夏威夷 HB 812	禁止将 CRT 与城市垃圾混合处理	2001 年 7 月 23 日会议讨论,延期至 2002 年
爱达荷州 S1416	将计算机显示器增列为"特殊废物",要求特殊处理	2001 年 2 月 12 日提交委员讨论
伊利诺伊州 SB 983	将计算机及显示器列为"白色商品或部件",要求经必要处理后才能填埋	2001 年 3 月 16 日提交委员会讨论
伊利诺伊州 SB 3353	修改州《数字划分法》,建立计算机回收基金,以规划、管理和扩大计算机及相关回收项目,支持建立全州范围内的社区计算机回收网络	2001 年 4 月 10 日众议院通过,参议院审议
缅因州 LD 1105	提出用户可以持购买发票和废弃电子产品到购买处返还,然后集中送往城市废物处理中心进行回收处理	2001 年 2 月 22 日提交委员会讨论
马里兰州 HB 111	2004 年 12 月 31 日起禁止未经环境部许可的任何个人处理 CRT;禁止填埋;要求授权单位开发管理和处置废旧 CRT 的方法	2001 年 3 月 19 日环境问题委员会提交异议报告

法 令	主 要 内 容	时 间
堪萨斯 HB 2915	要求环境健康部参与州和区域"政府—企业"联合推动的,在生产、使用和处置消费品,特别是电子产品的过程中,寻找对环境负责的途径,包括降低能源物质消耗、减少使用有害物质和减少废物的产生;参与全州范围内的再生利用项目,并允许使用固废处理基金资助这类活动	2002 年 2 月 26 日被委员会驳回
马萨诸塞州 HB 4716 HB 3154	在环境部审查通过生产者提交的废弃CRT 回收处理报告前,禁止销售、使用任何包含 CRT 的产品	2002 年 2 月 26 日通过参议院二次审查,进入三审
明尼苏达州 HF 2815 SF 2979	要求对电子废弃物实行再生利用	2002 年 2 月提案
内布拉斯加 LB 644	建立电子产品循环法案	2002 年 2 月 27 日无限期延期
新泽西 A 607	鼓励循环使用和恰当处理废弃电脑显示器和电视机	2002 年 2 月 11 日完成编撰,送交参议院
纽约州 A 6286	建立延长生产责任制度,要求生产者承担委员会指定的产品中有害物质的回收处理责任,建立此类商品的回收中心	2002 年 1 月 9 日提交委员会讨论
俄克拉荷马州 HB 1155	禁止填埋和使用普通固废处理设施处理废弃 CRT,要求颁布法令对废弃 CRT 实行专门收集处理	2001 年 2 月 5 日提案
俄勒冈州 HB 3301	要求环境质量委员会提出鼓励个人电脑回收利用的项目,要求购买个人电脑时注册并支付回收费用作为项目基金,并在电脑回收时取得部分返还	2001 年 7 月 7 日在委员会讨论中被延期
宾夕法尼亚州 HB 2206	禁止直接处置 CRT,要求制订废弃 CRT 再生利用指导条例	2001 年 12 月 4 日提案
南卡罗尼纳州 SB 1031	设立电子产品回收项目和基金,设立 CRT 回收基金对每个含 CRT 部件的产品收 $5	2002 年 2 月 20 日提案

资料来源：US EPA, 2002.

3.3.4 中国台湾

中国台湾地区 1997 就成为全球第三大电脑生产地,电子产业是中国台湾重要的出口工业,也是政府大力支持的高技术产业。中国台湾对电子废物问题的处理包含两个方面。一方面是从本地的环境保护出发，解决当地的电子废物回收处理问题；另一方面是产业界对欧美等主要电子产品消费市场的立法管制的应对[179]。

根据中国台湾 1974 年设立的废物清理规定，废物分为城市废物和工业废物，其中城市废物由中国台湾有关方面负责处理，工业废物则根据污染者付费原则由生产者负责处理。随着城市废物的数量不断上升，中国台湾有关方面需要从制度角度，激励产品生产者关注废物问题，1987 年的有关废物清理的规定，将城市废物中难以收集、含有难降解和有害物质的废物处理责任转给产品的生产者、进口者和销售者。基于立法精神，中国台湾建立了一个由专门废物管理部门组织的废物清理系统，承担收费、组建回收网络、资助废物处置企业和开展民众教育的工作。

1997 年中国台湾废物清理相关规定对废物处置责任和回收处理办法做了重大修改，特别强调了回收废物的再生利用问题，并且将原先依产品分类的 8 个管理法案归为一般废物清理法和特殊废物清理法两大类，其中在废旧电子电器的回收处理中明确了延伸生产者责任原则；同时将废旧电子物品列入生产者负责回收利用的产品范围，具体包括电脑主机板、硬盘、电源、机箱、显示器和笔记本。规定从 1998 年 6 月起，这些产品的生产者和进口者需要开始承担所销售产品废弃后的回收处理责任。此外，环保部门成立了一个半官方性质的电子废物管理基金，负责收取废物处理费、确定生产者和进口者的具体责任，以及建立一个包括回收网络、存储场地在内的废物再生循环体系，为了鼓励消费者将废旧电子产品交回指定的机构，中国台湾的回收办法中采取购回的方法，对消费者给予一定的激励。为了监督回收再生利用基金的合理使用，中国台湾有关方面还确立了民间的第三方监督机构，以保证管理过程的透明[180]。

中国台湾在 20 世纪 80 年代曾经一度是进口电子废物再生处理活动比较集中的地区，但与中国大陆目前的情况类似，主要是大量家庭作坊采取传统的处理方式进行拆解处理，环境影响比较严重，受到公众的强烈抵制。台湾有关方面对这类活动采取严格的限制措施，包括对废五金进口进行数量限制和建立进口分级管理制度，同时将进口废五金处理活动限制在政府圈定的几个废五金资源再生专业区内。

随着中国台湾经济水平提高，产业结构升级，劳动力成本上升，传统的处理方式已经无法继续生存，而经济可行、环境友好的再生处理产业也没有在当地发展起来。由于缺少本地的合理处置设施，现有的回收处理体系在刚刚订立废旧电器回收法案的时候，只能集中于回收和储存阶段[181]。

　　针对这一现实，台湾有关方面在 1998—1999 年间，相继建成了 6 个专门处理废家用电器的再利用工厂、60 个再利用贮存点。这 6 个处理厂获得环保部门颁发的"A 类处理厂执照"，并于 2000 年 7 月开始正式运行。再利用厂有环保部门颁发的废家用电器 A 类处理厂执照，可从"资源回收基金管理委员会"获得再利用补贴；而传统拆解厂只有处理厂执照，不能获得补贴。收集者将收到的废家用电器送到再利用厂，也可从"资源回收基金管理委员会"获得补贴；但是如果他们将废物卖给拆解工厂，则不能得到任何补贴[183]。

　　作为重要的电子产品出口地，中国台湾电子产业界对欧美主要发达国家的电子废物管制立法十分关注。"工研院"成立了专门的研究机构，跟踪研究各国的立法进展及其对生产者可能产生的影响。主要的配件生产厂商和电子产品 OEM 厂商发起联合行动，在减少原料中的有害物质、提高废弃产品的回收率等方面进行研发合作。一些生产企业已经开始在欧洲市场建立自己的废弃产品回收网络和处理设施，并将再生材料重新出口到发展中国家市场，以降低生产成本，提高市场竞争力。

　　总之，由于发达国家的电子废物管理制度还处于探索阶段，各国各地区之间的管理措施和标准存在较大差异，附件 E 对此做了概括总结。另外，电子产品生产企业对于这一问题所持的态度也有很大分别。即便是同一企业在不同国家和地区市场采取的行动也并不一致，大多数企业局限于服从当地的立法规定。根据硅谷毒物联盟所做的调查，包括 IBM 和苹果公司在内的美国知名厂商，已经在欧洲市场根据当地的法律要求，免费为用户提供废弃产品回收服务，但是在本国却不愿提供同等的服务[184]。这说明强制性的电子废物回收立法的确能够有效影响企业的行为。而基于自愿协议的形式尽管受到产业界的衷心拥护，但是在具体实施过程中，常常缺乏有效的激励机制，难以促使企业采取更为积极的态度参与解决电子废物的回收与循环利用问题。

　　不论采用何种管理形式，试图扭转既定的"生产—消费"模式总会面临各种各样的困难和阻力，因此不可能一蹴而就。各国在制定自己的电子废物管理立法时一般会为企业和消费者适应新的管理规定留下一定的准备期，使企业有时间按照法规的要求解决一些具体的技术难题，同时也给法案的各相关利益主体继续协商争论的机会。

3.4　电子废物管理立法中的主要问题

在电子废物管理立法中引入延伸生产者责任的原则，在实践操作中存在一些具体问题，主要包括回收机构的组织形式、回收目标的制订、回收体系的费用支付三大方面。不同的制度设计对于实现既定的政策目标和平衡各相关主体的利益，效果上存在差异。

3.4.1　回收机构的组织形式①

延伸生产者责任原则意味着需要在传统的废物回收处理体系之外设立一个与之平行的专门回收体系，而由厂商负担这一体系的运行成本。这一体系能否有效连接生产者、消费者与再生处理企业，能否达到回收处理活动的规模经济是决定这一新制度能否达到预先设计目标的关键因素[185]。各国在建立合理的回收机构组织形式方面做了不少有益探索。

废弃产品的回收点通常设立在电子产品零售点，或者在社区一级建立固定的回收站，也可以由政府或生产企业安排定期的回收活动。负责整个回收处理过程管理运行的组织机构概括来说有三类形式。第一类是由政府或半官方性质的机构承担，通过建立回收基金，向生产者、销售商收取处理费用，用于建立废旧产品的回收网络和资助处理企业。中国台湾在新修改的废物管理有关规定中就采取了这种形式，1998 年 1 月环保部门成立了一个半官方性质的废弃电脑管理基金，负责收取废物处理费、确定生产者和进口者的具体责任，以及建立一个包括回收网络、存储场地在内的废物再生循环体系，同时确立第三方监

---

① 回收机构的组织形式是一个比较复杂的议题，此处提到了回收点的组织、第三方的生产者责任组织及基金机制。今天看来，回收机构的组织形式有三个关键点；首先是责任在传统的地方政府的废物管理系统与生产者责任之间如何明晰；其次是生产者为自己生产的产品承担废弃后的管理责任，与生产者联合起来以某种形式承担集体责任，两者之间如何协调；最后是回收系统的地方化差异如何在市场经济的通行标准之间有效协调。

督机构，专门负责监督回收基金的使用情况。

第二类是成立独立的第三方机构，通过外包方式，承接生产者委托的废物收集和再生处理工作。这种方式为无力自行承担回收工作的中小企业提供了合法处理其产品废弃后回收利用的解决途径，同时也是合理解决延伸生产者责任立法实施以前遗留的电子废物问题的有效办法。由于第三方机构与生产者之间的合作是建立在合同基础上的，这种形式可以在相关立法未形成以前，基于生产者自愿的原则建立运行。

第三类是由单独的或联合的生产者组建自己的回收体系。涉足系列产品生产、销售诸环节的大型企业集团倾向于采用这一形式，充分利用自身的商品分销渠道，回收废弃产品，同时可以通过集团的行动，改善回收利用效率，从而降低成本，提高自身的市场竞争力。日本的大型电子企业集团在政府正式实施颁布《家电循环法案》以后，大多采取这种形式，回收处理自己生产的废弃产品，目前这种处理厂在日本已经达到16家。

3.4.2 回收目标的制定[①]

通过立法确立生产者承担电子废物回收处理责任，一般需要制订相应的回收目标，规定不同产品需要达到的最低的材料再生利用标准。表3-3和表3-4列举了欧盟关于废弃电子电机产品处理指令的最终提案中提出的2006年以前10大类电子产品回收利用的最低标准和具体产品目录。与1998年草案内容相比，规定的回收目标和产品种类都减少了。

另外，欧盟还规定了到2006年以前，各成员国电子废物的人均回收指标必须达到4千克。按照欧盟目前的电子废物预测情况和人口数量，届时全部电子废物的回收率可以达到约20%～25%。由此可见，尽管欧盟条例对回收产品规定了较高的再生利用比例，但是由于规定的回收比例实际偏低，因此整体上的再生利用率也会受到影响。

---

① 回收目标在政府干预措施中非常重要，首先需要基于物质流分析对回收量及其经济成本和环境效益进行科学评估，其次回收目标制订的过程其实是一个政治权衡和讨价还价的过程，不同利益主体之间充分协商争论，并且需要有一个动态调整的机制，使得回收目标能从一个可行的起点出发，向着改善的方向逐步提高。

表 3-3　欧盟关于废弃电子电机产品处理的指令中制定的回收与循环利用目标

Table 3-3　Collection, Reuse, and Recycling Target in WEEE

产品种类	回收最低目标(%)	循环利用最低目标(%)
大型家电	80	75
小型家电	60	50
IT 和通信设备（不包含 CRT）	75	65
消费电器（不包含 CRT）	60	50
照明设备（释放气体的灯）	—	80
电子电机工具	60	50
电动玩具	60	50
医用设备	—	—
电子监控设备	—	—
自动售货机	—	—
包含 CRT 装置的设备	75	70

注：百分比按重量计算；"回收利用"除"重复使用和材料再生"以外，还包含燃烧发电等形式的能量利用。

资料来源：根据 WEEE directive（2000）整理。

表 3-4　欧盟关于废弃电子电机产品处理的指令中所涉及的具体产品项目

Table 3-4　Product Items Covered by WEEE

产品大类	具体产品种类
大型家电	电冰箱、制冷机、洗衣机、烘干机、洗碗机、电炉、微波炉、电热取暖器、电风扇、空调
小型家电	吸尘器、地毯清扫机、电熨斗、烤面包机、煎锅、磨咖啡机、电动刀、煮咖啡机、电动牙刷、刮胡刀、电子钟、电子秤、吹风机
IT 和通信设备	大型主机、小型机、打印机、个人电脑、笔记本电脑、复印机、电动打字机、计算器、终端、传真机、电话机、无绳电话、手机、自动接听设备
消费电器	收音机、电视机、录像机、录像播放机、音响设备、电子乐器
照明设备	荧光灯、高压钠灯和其他金属卤化物灯、低压钠灯、其他照明设备
电子电机工具	电锯、电钻、电动缝纫机
电动玩具	电动火车、电动汽车、手持电子游戏机、电子游戏机
医用设备	放射治疗设备、心电图设备、透析设备、辅助呼吸设备、放射药物设备、试验检查设备、分析设备、冷冻设备
电子监控设备	烟雾探测器、热量调节装置、温度控制器
自动售货机	自动饮料售货机、自动商品售货机

资料来源：根据 WEEE directive（2000）整理。

日本的《家电循环法案》只涉及四类大型家电，制定的物质再生利用目标为：电冰箱和洗衣机 50％，电视机 55％，空调 60％。覆盖面比欧盟的 WEEE 条例窄得多。仅比较日本《家电循环法案》所涉及的四种电子产品，欧盟 WEEE 条例设定的回收利用目标显然要高得多。不过，日本和欧盟条例对"循环利用"的定义是不同的，欧盟将所有经过处理，最终能够利用的材料都看作被"再生利用"了。而日本则规定，只有那些经过处理，可以在市场上销售，或者有人愿意免费使用的材料，才被看作"再生利用"，也就是说，如果处理后的最终产品实际价值是负的，生产者还需要支付一定的费用，才会有别人愿意使用，这种情况不能算作"再生利用"[186]。

回收目标的确立需要结合电子产品生产厂商、处理企业能力，以及消费者参与情况综合考虑，因此各地存在差异是难以避免的。目前包括欧盟、日本和美国在内的发达国家还在继续开展试验项目，搜集相关成本和收益资料，以使回收目标的确立更科学可行。

3.4.3　回收体系的费用支付①

回收体系的费用支付问题是整个回收利用体系建立运行的关键，延伸生产者责任原则将废物的回收处理成本纳入生产者的成本计算中去，最终将反映在产品价格中。不过费用的具体支付办法却存在不同的模式。概括起来，分为两大类，一类是"价格附加模式"，也就是在产品出售时，在原来的产品价格中增加产品废弃后回收处理的费用；另一类是"废弃时付费模式"，产品的最终

---

　　① 费用支付是 EPR 制度操作环节的一个重要问题。EPR 制度是通过将消费后的回收处理费用内化到产品生产和消费过程，来激励生态设计和垃圾减量的，但现实中产业链分工细密，费用在哪个环节，由谁来支付，是一个非常困难的问题。支付环节的设计会影响市场结构和产业链不同环节主体的权利关系。事实证明，这个问题后来在中国的电子废物管理制度设计中也成为一个非常棘手的问题。经过反复讨论之后，中国采用了政府基金的模式，由直接的产品生产者在产品下线的时候与增值税一道收取。这种方式是基于中国现有税费体系特点的，并且成功解决了正规化处理企业的费用补贴机制。但是这种模式对于生产者的负担却较发达国家的支付模式更为严苛，因为发达国家的几种收费模式，费用都是在产品销售环节或以后，缴费者是品牌商或销售商（日本是扔弃产品的消费者）。而中国企业产品还未进入市场，就要先行垫付回收处理费，缴费者是产品生产者，离消费者还有一定的距离，对生态设计和消费者行为也难以产生实质影响。我们在后来的研究中，尝试引入一种基于社区的回收体系，利用信息平台，追踪消费者扔弃的产品，作为基金征收和补贴的依据。此外，我们也发现不同产品的消费模式存在很大差别，单一的政府基金模式很难适应各种产品的类型。中国在将《电子废物回收处理管理条例》扩大到其他产品时，费用支付方式仍然是一个需要不断探索解决的问题。

使用者在决定丢弃废物时交纳一定数量的回收处理费用。前者以欧盟条例为代表，而日本的《家电循环法案》则采用后一种形式。

不同形式的费用支付办法，在费率计算上也有很大差异。对于"价格附加模式"，费率计算有两种情况，一种是在产品价格中包含该产品未来废弃后回收处理所需要的费用，这种方法又被称为"预先支付模式"。在这一模式中，厂商需要在出售产品的时候能够准确计算出未来回收处理需要的费用。不过，对于一些耐用电器，使用寿命在 10 年以上，这个过程中可能存在很多变数，技术创新、处理费用的变化、自然资源的价格变动，都可能导致未来回收处理的成本和收益发生很大变化，因此准确预测几乎是不可能的。再有由于回收率的影响，厂商能够回收处理的废弃产品可能远远低于实际产生的电子废物总量，而在预先支付模式中，厂商可能将全部电子废物的处理成本分摊到所出售的产品价格中去，从而使消费者承担了额外的经济负担。另外，各个厂商只负责自己产品的回收处理责任，对于立法前生产销售的产品，以及生产厂商已经倒闭的产品废弃物，则无法解决。

"价格附加模式"的另一种计费方法是生产者在销售产品时为当时的电子废物收取回收处理费用，这种方法又被称为"养老金模式"。在这种模式中，厂商只要收取足够回收处理当前电子废物的费用即可，因此不会使消费者承担额外的经济负担。这种方法通常需要不同厂商根据市场份额分担市场上全部电子废物的处理费用，可以有效解决立法前遗留的电子废物和已经倒闭的生产厂商废弃的产品回收处理问题。不过，由于厂商的市场份额会不断发生变化，计算厂商应该承担的处理费用是一件非常复杂的事情。特别是如果不道德的企业大量生产某种产品，低价倾销到市场上，获取短期暴利，然后宣布倒闭，结果留下大量产品等待其他厂商承担其处理责任。这对负责任的厂商而言，显然是不公平的。

在"废弃时付费模式"中，消费者购买电子产品时不需要增加额外的费用，而是在需要抛弃电子产品的时候才需要支付回收处理费用。在这种模式下，零售商将在消费者购买电子产品时告知将来回收时需要支付这一费用，但消费者并不知道届时具体需要支付多少费用，只能参考购买时市场上废弃家电回收处理需要支付的费用进行购买决策。

以日本的《家电循环法案》为例，消费者在将废旧产品送还零售商的时候支付回收处理费用，零售商负责将回收的废弃产品送还给生产者。生产者提出的处理费用为：洗衣机 2400 日元，电视机 2700 日元，空调 3500 日元，电冰箱 4600 日元。而消费者最终支付的费用还需要加上销售商将废物返还给生产者所需的运输费，这一部分则因销售商的不同而有差别。

目前日本主要的电子产品大企业设定的费用标准都是一样的。由于延伸生产者责任原则的一个重要目的在于鼓励产品生产者采用技术革新，降低再生利用成本，从而提高其产品的市场竞争力，因此市场上不同企业的处理费用应该是有差别的。然而，日本的实际情况则是松下电器作为市场领导者率先设立了一个费用标准，而所有其他生产企业纷纷采取了跟随战略[186]。这种模式可能难以影响消费者当下的购买行为，但是可以促进消费者在使用过程中尽量延长产品的使用期限。这一模式最主要的缺陷在于，可能导致大量非法丢弃行为的出现，为了保证消费者在丢弃时能够将废物交到指定的回收点，并依法交纳回收处理费用，需要增加相应的管理和监督成本。

3.5 电子废物管理制度的变化对相关产业的区位影响

尽管存在管理制度在发达国家与发展中国家之间的传递，但是各国电子废物管理制度的差异在相当长的时期内将是客观存在的，并对相关产业的区位分布和变动产生影响，具体包括两方面：①电子废物处理行业的进入壁垒有可能扭转单纯市场经济条件下废物处理行业的一般空间转移趋势；②发达国家的电子废物管理制度通过跨国商品链改变电子产业创新、生产和消费的空间格局。

3.5.1 管理制度的空间差异和传递

发达国家之间电子废物管理制度的差异前面一节已经做了详细的讨论，这种制度差异对不同地区相关产业的影响目前并不确定。由于存在全球范围内环境管理制度向所谓"最佳实践经验"看齐的强大动力，管理制度在发达国家与发展中国家之间的传递过程，对于相关产业的空间布局影响就显得非常重要。

发展中国家和地区普遍缺乏发达国家在工业化过程中所建立的正规化城市废物管理制度。而发展中国家自身快速发展的工业化过程又带来广泛而复杂的环境污染问题，生产过程中的污染问题与产品责任交织在一起，增加了管制的难度。由于效仿发达国家既定的"生产—消费"模式，发展中国家在解决国内的废物问题上也不得不模仿发达国家的管理经验，包括建立公共财政支持的城市废物管理制度，引进生产过程中的污染控制管理制度，学习发达国家的垃圾分类制度，以及在促进废物回收利用上借鉴最新的延伸生产者责任原则等。

但是随着发达国家的废物管制政策逐渐由以地方政府负责为主的模式向鼓励市场化的方向转变，这些国家的废物处理方式也逐渐走上资本密集型的高成本道路，这给发展中国家借鉴和引进发达国家的成熟经验造成了相当大的困难。

发展中国家由于整个社会对经济增长目标的关注超过对环境保护目标的关注，往往不具备利用公众或者消费者决策的力量限制企业行为的条件，于是环境问题大多依赖政府"自上而下"的强制干预措施。可是，许多发展中国家的法律建设和实施体系并不完善，国家的行政管制和法律法规并不能得到有效贯彻执行。同时，发展中国家的经济结构特点是非正式经济部门庞大，存在大量分散的中小企业，利用行政手段和其他政策手段，监管难度大，成本高，较高的法规实施和执行成本与较低的行政预算及管理水平矛盾很大。并且经济发展与环境保护的冲突往往促使地方政府对环境损害行为采取保护态度，即使进行处罚，处罚的强度也难以有效阻止企业违规行为和政府腐败现象，这些都进一步导致行政命令和控制式的政府强制管制措施难以达到预期效果[187]。

在这样的背景下，发展中国家的废物处理和循环利用产业往往呈现出某种二元结构的特征，在经济相对发达的城市或政府强制力量较强的地区，通过借鉴和引进发达国家的技术和管理经验，可以建立起较为完备的管理体系，而在边远地区，以及非正式的经济部门，行政手段则鞭长莫及。由此污染性行业在国内的空间转移也类似于纯经济力量作用下污染行业在国际间转移的情形。

3.5.2 电子废物处理行业的进入壁垒

对于电子废物越境转移的问题，单纯依靠发达国家的国内立法并不能完全解决，还需要在更广泛的国际合作基础上，建立全球性或区域性的协调机制和国际条约。不过，发达国家的电子废物管理制度提高了电子废物处理行业的进入壁垒，因此有可能扭转这一行业传统的空间转移趋势。

按照"污染天堂"的假设，在缺少国际管制的条件下，随着发达国家的环境管理制度日趋严格，污染行业将向经济发展落后的地区转移。因为在没有环境管制的情况下，以对环境负责的态度回收处理电子废物的企业与不负责的厂商竞争，在生产成本上往往处于不利的地位。当个别国家采取了严格的环境管理制度以后，这种竞争差异就会体现在不同国家的企业之间。

而发达国家的电子废物管理制度将会给本国的电子废物回收和再生处理企业带来积极的促进作用。根据延伸生产者责任原则，电子废物管理法规中要求电子产品生产企业承担为回收的废弃电子产品寻求合格处理者的责任，或者将这一责任转移给获得授权的第三方政府或非政府管理机构。这一措施的目的就在于将不符合环境保护要求的回收处理企业排除于正规市场之外。同时，由于根据电子废物管理立法的规定，厂商和消费者都需要为电子废物的合理处置支付费用，用来资助电子废物的回收和环境友好的再生处理活动，因此这也意味着将给合格的再生处理企业创造一个巨大的商机[188]。根据 Raymond Communication 的估计，如果欧盟条例正式实施，整个电子产业界和消费者将为电子产品的再设计、回收处理等活动增加 6 亿美元的开支。

强制的电子废物回收管理可以推动再生资源回收市场，从而增加发达国家内部这一行业部门的就业机会。尽管在不同的收费管理机制下受益的企业群体不一样，可能是国内现有的传统再生处理企业获得发展机遇，也可能是电子产品生产者通过建立自己的回收和处理系统，涉足这一行业，但是就社会范围来讲，电子废物再生处理行业作为一种劳动密集型产业，在创造新的就业方面将产生积极的作用。

一些发达国家政府在电子废物管理的项目中将环境保护和社会发展的双重目标结合起来。许多项目显示电子废物拆解工作在解决长期失业与残疾人就业方面确有实效。例如根据德国的实践，一个年营业额 500 万欧元的处理企业可以提供 30 个固定就业岗位，同时提供 70 个相关企业的就业机会。按照欧盟条例中居民人均 4 千克的法定回收标准，整个欧盟一年的再生处理支出可以达到 5.25 亿欧元，也就是说，仅在再生处理行业中就能够创造 1.05 万个就业机会[130]。

然而对于发展中国家的处理企业来说，如果不具备合理处理的技术和相应的规模经济水平，则可能被排斥于正式的再生处理行业部门之外。也就是说，如果发达国家基于延伸生产者责任原则的电子废物管理立法得到严格执行，发展中国家的传统处理企业就将失去赖以生存的主要市场，从而也失去了这一新兴行业部门的就业机会。事实上，即使在满足环境保护要求的情况下，发展中国家在劳动力成本上仍然比发达国家的再生处理企业有优势。此外，一些跨国公司在海外的分支机构也执行与本国国内一致的电子废物管理政策，因此需要当地有提供恰当处置服务的企业。以新加坡的伟诚公司为例，该公司拥有环境无害的电子废物处理技术，获得新加坡政府环保部门的资格认定，因而可以与许多跨国公司合作，包括承担诺基亚、摩托罗拉等企业在亚太地区的电子废物再生处理业务。

根据发展中国家的现实情况，不太可能通过大范围改变现有经济制度和大幅增加投入来普遍改善国内再生利用行业的技术和管理水平，通过这类跨国合作，参与发达国家废物管理制度的改革，就有可能以较低的经济成本实现国内再生资源行业的技术升级。当然，采取此类合作途径，还需要加强相关的环境风险评价，并且这类措施必须与相应的技术转移政策相配合，才能有效避免行业内的垄断现象。

3.5.3　电子废物管理制度对电子产业创新、生产和消费格局的影响

根据 OECD 的研究报告，各国在废物管理制度中适用延伸生产者责任原则的一个重要前提，就是尽量避免管理制度的变化导致对现有产业活动的大范围影响及市场混乱，并强调管理制度不应该成为贸易歧视政策的手段[162]。不过，制度建立的过程中对产业的实际影响不可避免。欧盟在制定电子废物条例的过程中，对成员国内相关产业可能造成的影响做了分析，指出最可能受到影响的产业部门包括电子元件供应商、设备制造商、电子产品修理者和废物回收处理企业。

电子产业的市场竞争特点导致目前全球家用电器、计算机及其他办公设备、通信设备和消费类电子产品等产业高度集中。全球最大的 300 家电子企业垄断了行业 80% 以上的销售额和就业岗位，其中前 20 名就占了总产出的 65%。不过，电子产业中仍然有成千上万的中小企业，平均雇员不足 20 人。相对来说，电子元件行业的集中度比较低，中小企业在市场份额和就业中所占的比重都较大。电子生产企业的空间分布也比较集中，日美两国的企业在全球最大的 300 家电子企业中占了 75%，欧洲的电子生产企业主要分布在德国、英国、法国、意大利、荷兰和瑞典。而电子产品修理企业、再生处理企业在发达国家的分布则比较均衡，并且以中小企业居多。

电子废物管理制度要求所有涉及机电设备和电子产品生产的企业都必须将有关废物管理的考虑纳入产品设计和生产过程中，包括使用易回收再生的材料、控制有害物质、使用可重复使用的标准化配件，以及替代部分禁止使用的物质。由此带来的废物管理成本内部化可能导致电子产品价格上升，从而影响产品的销售量，这种影响因产品的需求弹性差异而有不同。按照欧盟的分析，洗衣机、冰箱、热水器、电视和电脑等电器的需求弹性较小，因此，长期来看，价格变化对产品需求水平的影响不大。而一些消费类电子产品，像音响、剃须刀之类，需求弹性相对大一些，但是随着电子废物处理的规模经济水平和技术创新进一步提高，从长期来看，影响也会逐渐降低。特别需要指出，由于部分国家已经在本国实施了电子废物管理的强制性禁令，对于这些国家的企业来说，改进技术和管理的困难较低。

发达国家的电子废物管理制度也通过生产活动的全球化过程影响到发展中国家的工业发展。特别是对于奉行出口导向发展战略的发展中国家和地区，发达国家的环境保护管制对发展中地区制造业产品出口的竞争力影响越来越强。

电子废物管理制度是发达国家电子产品市场上重要的绿色贸易壁垒之一，反映了环境保护立法从以控制污染为主转向鼓励绿色技术创新和以改变生产消费模式为基本目标的发展趋势。这种变化的积极意义在于鼓励生产企业积极参与环保技术和管理实践的研发、创新和推广。由此，环境保护制度对产业发展的影响由行为限制为主转变为创新激励为主，从而导致生产者在环境管理制度框架中的角色发生转变，由被动接受控制的一方转变为可以发挥中心作用的积极参与方。

发展中地区的生产者由于在技术和市场方面的依赖性，在应对这种转变方面很难扭转自身的被动地位。但是如果政府和产业界能够转变观念，认识到环境保护目标与提升产业竞争力的目标已经开始出现某种重合趋势，就有可能将发展中地区的环境政策与其"自下而上"的经济发展动力有效结合起来。这对正在发展成为全球电子产品制造基地的中国探索建立自身的电子废物管理制度具有重要意义。

第4章 中国的电子废物问题

　　改革开放以来，中国的电子产业发展迅速。在市场转轨的过程中，电子信息产品制造业通过与跨国公司的竞争与合作，不断引进先进技术和管理方式，改革自身的生产组织模式，逐渐扩大与电子产业全球生产网络的分工协作。加速融入开放的全球化分工协作体系是中国电子产业近二十年来迅猛发展的重要驱动因素[189]。

　　不过，作为发展中国家，中国电子产业的发展很大程度上依然延续了传统的大规模生产和大规模消费的发展模式。这一发展模式是在特定发展阶段，由需要充分利用大量低技术廉价劳动力和迅速满足较低层次市场需求的竞争环境所决定的。发达国家在反思自身的工业化过程中，强调这种发展模式在生态环境方面的不可持续性，指出资源浪费和环境污染的成本大大降低了发展的实际效益。而经历了短暂的高速发展过程的新兴工业化国家或地区，也很快感受到这种模式发展到一定阶段所产生的结构性危机。废物问题只是众多问题中的一个方面，但是透过一滴水折射出的是现代化生产消费模式的整体性危机。

　　电子废物问题作为电子产业发展中的一个全球性问题，在中国的表现与电子产业的整体发展模式有很大关联。一方面，电子产品生产的技术创新和市场推动加快了电子产品的更新换代，使得发达国家和地区的电子废物增长速度加快，并最终成为废物管理中的一个难题。另一方面，生产全球化使得大规模的生产制造活动不断向发展中国家转移。在中国沿海大量出现的电子废物拆解活动事实上与中国快速发展的电子产品加工组装活动具有相似的特点——两者都处于劳动密集型的加工处理阶段，发展的时期也类似，都是在20世纪80年代末到90年代初开始快速成长，并且在中国沿海一些地区形成专业化集聚，尽管具体位置并不完全一致，但从发展区域来看，相距并不遥远。不论是发展轨迹，还是内部产业联系，这两者都可以看作一个整体地方生产系统的不同组成部分，同时又都是全球化"生产—消费"网络中的局部片断。不过两者所面临的政策待遇、公众态度却大相径庭。这种现状反映了人们的意识中依然是将产品生产阶段和消费后的废物处理阶段割裂开来考虑的。然而，不论从环境保护的角度，还是从提升产业竞争力的角度，中国的电子废物问题都不可能单独就废物问题本身寻求解决方案，而是必须结合电子产业的整体发展来对待。

在本书第四章到第六章中，将详细论述我国电子产品生产、消费和再生循环的地理格局及其发展演变，结合我国在从计划经济向市场经济转轨的过程中，原有的国有正规化物资回收体系的转型过程，介绍国家和地方在建立新的电子废物管理体系的过程中的探索和实践，并总结分析在市场经济条件下重建规范的电子废物回收体系所面临的根本挑战，以及新的立法和政策措施在引入延伸生产者责任原则时，与现有废物回收处理体系的结合点。

4.1 背景

中国的电子废物问题主要包括两个方面，一是进口电子废物造成的环境污染和电子产品市场管理问题；二是国内电子产品生产和消费增长带来的自身电子废物管理问题。

4.1.1 进口电子废物问题

中国的电子废物问题引起世人关注，主要是由于进口电子废物的不恰当处理所造成的环境污染问题。2002 年 2 月 25 日，巴塞尔行动网络和硅谷毒物联盟联合发表了针对以美国为首的发达国家向亚洲发展中地区出口电子垃圾的调查报告。该报告根据美国电子废物回收处理业内人士的估计，指出美国回收企业从消费者手中收回的废旧电脑等电子废物中 90％以上实际上出口到了亚洲的发展中国家和地区，其中约有 80％流入了中国沿海，也就是说，中国实际上成为世界上最大的电子废物进口国[8]。

报告将广东省贵屿镇作为发达国家电子废物出口对发展中国家乡村环境造成严重污染的典型案例，提供了大量触目惊心的图片和视听资料，以及实地调

查和检测数据，介绍贵屿从一个贫困乡村转变为进口电子废物加工处理中心的
过程中，非法加工处理活动对当地环境所造成的破坏：由于当地的水源受到严
重污染，居民只能到别处购买饮用水；年轻人由于环境污染损害健康，没有人
能够通过国家的征兵体检；很多居民都患有呼吸系统和其他疾病。根据调查者
所做的检测，贵屿土壤和地下水样本中的钡、铬、铜、铅、锌等重金属含量比
一般环保标准高出上千倍。

该报告通过互联网的传播在全球造成广泛影响。此后一段时间里，相关事
件也成为国内媒体争相报道的热点[190,191]，河北黄骅、广东南海、清远和浙江
台州等一些进口电子废物拆解处理活动集中的区域都成为媒体和政府部门调查
跟踪的重点地区[192~194]。

与新闻媒体的热烈关注相对，负责主管电子废物进口的政府部门对这一问
题的态度却显得比较低调。2002 年 9 月国家环保局对外发布了一项公告，否
认了这些地区进口电子废物问题严重的说法，强调当地处理的电子废物主要来
源于国内消费①。另外，贵屿的地下水污染主要是当地天然地下水氟含量超标，
本身就不能饮用[195]。然而在访谈中，进口七类废物拆解处理行业的从业者却
坦率地承认政府加大进口电子废物查禁力度，使他们的生意受到很大影响，基
本处于停工待料的状态，进口电子废物的确是当地拆解加工原料的重要来源。

这种对曝光事件的不同反应，体现了政府在处理地方发展问题上所面临的
深刻矛盾：像贵屿这样的贫困地区，电子废物拆解处理已经成为当地主要的经
济活动和收入来源之一，并在一定程度上受到地方政府的保护，经济发展与环
境保护相协调的目标在具体操作中所面临的困境比想象中要大得多。

发展中国家与发达国家之间的废物贸易存在着三个基本的经济动力：

（1）发达国家与发展中国家之间的环境保护标准不同，决定了废物处理的
成本差异；

（2）发展中国家劳动力成本低廉，使大量采用手工劳动成为一种经济上合
理的选择；

---

① 国家环保局的调查结论与硅谷毒物联盟和 BAN 的报告结论有一定差别，国家环保局的调查结
果：贵屿镇农民主要集中在练江沿岸贵屿镇泗美村地段 200 米左右的堤坝上用酸提炼线路板中的贵金
属，对该段地表水环境造成严重污染。贵屿镇水污染主要是有机物污染，是在城镇化过程中污水处理、
垃圾填埋等环境基础设施建设没有跟上造成的。贵屿镇是高氟地区，地下水一直不适合饮用。汕头市
环境监测站监测结果表明，贵屿镇地下水主要超标项目为氟化物和氨氮，与废旧电器拆解没有关联。

（3）发展中国家对回收处理后的廉价再生原材料有较大的市场需求。

第一条因素主要涉及废物贸易中的环境问题。事实证明，在不受任何管制的市场条件下，废物处理，特别是那些处置难度大、投资高，选择处置场所困难的危险废物会在经济利益的驱动下向发展中国家转移。以废弃的电脑和电视机显像管（CRT）玻璃为例，美国一些州立法禁止填埋这类电子废物，以防止可能造成的污染，因此，合法的 CRT 处置成本远远高于将这些废物直接出口到发展中国家和地区。然而，发展中国家更加缺乏处理这类有害废物的技术能力和管理制度，结果从全球范围看，污染问题反而加剧了。通过立法限制发达国家有害废物向发展中国家出口成为国际社会为共同解决这一问题而采取的紧急措施。联合国 1989 年通过了《控制危险废物越境转移及其处置巴塞尔公约》，中国是这一公约最早的缔约国。

但是，由于后两条因素的作用，发达国家与发展中国家之间的可利用废物贸易又是具有合理性的。并且经济快速发展的国家对可利用废物的需求往往非常巨大，由于自身产业结构和制度环境的特点，这些国家和地区还会形成对这类再生原料的结构性依赖。我国沿海地区的进口可利用废物的加工处理活动就存在这种情况。由于我国正处于工业化快速发展的阶段，国内原生资源相对短缺，需要大量进口廉价的再生资源解决国内资源短缺的问题，我国目前已经成为世界最大的再生材料进口国之一，废钢铁、废有色金属和废塑料等进口量都居世界前列，见表 4-1。

表 4-1　中国主要可利用废物进出口总值及其占国际市场份额，1996—2000

Table 4-1　Import-Export Values and Market Share of Secondary

Goods in China, 1996—2000

	年　份	进口(千美元)	国际市场份额(%)	出口(千美元)	国际市场份额(%)
废钢铁	1996	174502	2.21	10584	0.16
	1997	215491	2.55	13343	0.18
	1998	213917	2.96	6506	0.11
	1999	316661	4.80	8864	0.16
	2000	508795	6.23	6639	0.09

续　表

	年　份	进口(千美元)	国际市场份额(%)	出口(千美元)	国际市场份额(%)
废有色金属	1996	461662	5.05	13402	0.19
	1997	525030	5.15	26434	0.32
	1998	447693	5.04	24777	0.34
	1999	763376	8.69	30327	0.44
	2000	1537952	14.82	24978	0.32
废塑料	1996	511682	49.80	3071	0.30
	1997	475509	47.86	2714	0.42
	1998	648210	55.77	2590	0.36
	1999	674668	57.33	2098	0.26
	2000	1027179	65.33	1997	0.19

资料来源：United Nations Statistics Division（2002）COMTRADE database，Geneva.

　　我国进口电子废物加工处理活动主要集中在沿海地区，一方面靠近港口，可以降低原料运输的成本；另一方面，这些地区也是我国私营经济发展比较繁荣的地区，由于在市场经济转轨的过程中，私营企业获得计划调配的生产资料比较困难，很多企业在起步阶段都只能依赖成本低廉且受计划管制较松的再生材料。这种原材料市场的制度性限制因素对我国电子废物加工处理活动的区位影响非常显著。

　　发达国家通过立法鼓励废物回收和再生处理活动，推广使用再生材料是作为一种环境保护的行动；但对于发展中国家而言，使用廉价的再生材料却主要是因为经济原因，正是由于存在这一差异，发达国家与发展中国家之间的废物贸易常常与环境污染转嫁联系起来。由于可利用废物贸易与危险废物的跨国转移之间的界限比较模糊，增加了监督管理的难度。20 世纪 90 年代以来，随着我国签署和正式执行《巴塞尔公约》，国家提高了对进口危险废物环境危害的重视程度，由此对废物进口采取了越来越严格的管理措施。1996 年 3 月 1 日，国家环保局、对外贸易经济合作部、海关总署、国家工商局和国家商检局联合发布了《废物进口环境保护管理暂行规定》，明令"禁止进口境外废物在境内倾倒、堆放、处置"。同时对于可以用作原料的废物也规定了一系列的限制和监督管理措施，包括各级环保局对境内的进口废物经营单位进行监督检查，对可利用废物进口的审批制度和进口强制检查[196]。

1996 年 7 月，国家环保局等相关部门进一步对上述规定做了补充，将各种贸易方式，包括无偿提供和捐赠在内的各种废物（废料）进口都纳入管理范围，并且要求"废物进口单位与境外贸易关系人签订的进口废物合同中，必须订明进口废物的品质和装运前检验条款，注明严禁夹带生活垃圾和《控制危险废物越境转移及其处置巴塞尔公约》控制的危险废物和其他废物，约定进口废物必须由中国商检机构或国家商检局指定或认可的其他检验机构实施装运前检验，检验合格后方可装运"。

尽管废物贸易管制措施日趋严格，但进口废物处理活动依然保持增长趋势。其中电子废物在沿海一些地区更成为近年来废物再生处理行业的一个新增长点。电子废物属于 1996 年《废物进口环境保护管理暂行规定》中所列举的 9 大类限制进口的可以用作原料的废物中的第七类，包括各种废旧五金、电机、电线和电器产品，主要用于拆解回收有色金属。为了规范进口七类废物的加工处理活动，限制拆解过程中废物的扩散，并提高加工过程中的环境保护水平，国家同时确定了 460 多家技术管理水平能够达到标准的企业作为定点加工利用单位，此后，新增定点加工企业受到严格限制，到 2002 年，拥有第七类废物进口资格的企业只增加了不到 50 家。

然而在沿海地区农村实际从事这一行业的单位数量却远远高于政府正式批准的企业数量。20 世纪 90 年代中期，进口电子废物，特别是废旧电脑的拆解处理活动愈加兴盛。据估算，1998 年美国废弃电脑达到 2000 台，重量约 500 万～700 万吨[133]。而此后美国计算机废弃的数量更是逐年递增，由于废弃电器出口被列入电子产品目录，准确的出口数据无法获得。按照硅谷毒物联盟和巴塞尔行动组织采用间接方法所做的估计，其中一半以上流往中国，而随着中国政府对电子废物进口控制力度加大，电子废物出口的目的地进一步向印度、巴基斯坦、越南、泰国等周边地区扩散。中国香港成为这一转移过程的重要中转站。

由于电子废物进口通常是以废金属或电子产品的名义进行的，因此无法从国内海关的统计数据中获得准确的进口数量。根据北京中色再生金属研究所在长江三角洲所做的调查，估计 2001 年废旧电器进口量为 70 多万吨，其中仅台州市海门海关年进口量就达 6 万～10 万吨[198]。国内媒体对一些专营进口废旧电子产品翻新组装的电器市场进行的零星报道也可以印证实际进口的数量的确相当可观。浙江省台州市路桥机电五金城一个前店后厂的个体经营户专门利用废弃电脑显像管改装电视机，一个月就可以为一家商场供货 200 台[193]。广东省佛山市南海区的大沥镇，一个远近闻名的非法旧电器市场，临近四个村从事废旧电器拆解和拼装加工的非法商户就有一千多家，在没有工商执照和相关手续的情况下，非法经营达 10 年之久[194]。根据追踪报道，当地政府在整顿过程中共清查旧电器店铺、货场 1600 多家，依法查扣旧电器及零配件达 32 多车（五吨车），合 160 吨[199]。广东省清远市在当地龙塘镇查处两个地下废旧电脑拆解作坊时，当场就查获准备销往广州市场的旧电脑硬盘 1.4 万多件[192]。

2000 年以来，海关加大了对非法走私电子废物的查禁力度，公布查验的走私案例明显增加，反映了政府坚决制止"电子洋垃圾"走私活动的决心。2001 年 3—5 月，南海检验检疫局在对进口废五金实施检验检疫时，连续 3 次从中截获我国禁止进口的废旧复印机、电脑荧光屏、空调机整机及其散热器、压缩泵等[200]。2002 年 5 月中旬，肇庆海关查验一批共达 60 多吨的进口电子产品时，发现该批货物除 8.4 吨是可回收利用的废旧电线以外，其余均是废旧电脑、电视机、DVD/VCD 播放机、摄像机、便携式 CD 机等禁止进口的电子废物[201]。2002 年 5 月江苏太仓海关先后退运了上海某外贸公司申报进口的废计算机和太仓某铜制品有限公司向太仓海关申报进口的一批废五金杂件（破碎的键盘、打印机、电脑杂件）[202]；6 月宁波海关责令退运了宁波某公司以废五金名义申报进口的 128 吨国家禁止进口的粉碎性废电脑主机[203]；9 月，温州海关又查获了从美国发货经上海转关进境的 405.5 吨电子废物，这批电子废物分装在 22 个 40 英尺的集装箱内，且无人申报，也被依法退运[204]。

然而一系列针对进口电子废物的限制管理措施并未有效控制电子废物非法处理活动的泛滥。由于存在巨大的经济利益的激励，走私活动在一些地区仍然兴盛，并且获得地方保护。不过，由于中央自上而下的监控力度不断加强，这类活动也逐渐向沿海一些经济更加落后的偏远山村转移。随着城市化建设的不断推进，即使是获得政府许可的定点废金属回收加工企业，也只能作为一种城市边缘行业不断被挤往城郊，寻求暂时不与城市规划相矛盾的地理位置继续发展。

政府强制措施在进口电子废物管理中所表现的无奈，反映了经济全球化的系统影响很难从局部加以扭转。电子废物问题的全球化与电子产业的全球化是彼此关联的，尽管政府对电子废物拆解活动与电子产品组装加工业所采取的政策和态度截然相反，但是这两种活动在产业全球转移的大潮中却一同涌入中国。

4.1.2　国内的电子废物问题

改革开放以来，电子产业是我国市场化转型较早，对外开放程度较高的行业之一。政府在 20 世纪 80 年代末 90 年代初，采取了一系列政策措施，促进电子产业，特别是计算机和通信产品等高科技产业，在技术和管理实践方面与国际接轨。这些措施加快了我国电子产业，特别是硬件制造业的发展，使我国电子产业迅速融入电子制造业的全球生产网络，并发展成为全球电子产品生产和消费大国，电子产业在国民经济中的地位不断上升，见表 4-2。

表 4-2　1991—1999 年中国电子产业产出、成长率及其占 GDP 比重

Table 4-2　The Output, Growth Rate, and Share in GDP of Electronics Industry in China，1991—1999

年　份	电子产业产出（十亿元）	成长率(%)	占同年 GDP 比重(%)
1991	88.63	—	4.0
1992	108.68	22.6	4.0
1993	139.56	28.4	4.0
1994	186.17	33.4	4.0
1995	247.10	32.7	4.3
1996	304.25	23.1	4.6
1997	400.14	31.5	6.0
1998	547.75	36.9	7.1
1999	775.62	41.2	9.6

资料来源：CCID.

我国电子产业的发展最直接的表现就是电子产品的迅速普及。我国城市家

庭主要家用电器的普及仅用了不到 10 年的时间。中国家电研究所根据国家统
计局城调大队的抽样调查资料估计，目前全国主要家电保有量：电冰箱达到
1.2 亿台，洗衣机 1.7 亿台，电视机 4 亿台，电脑 1600 万台。由于这些产品
大多 20 世纪 80 年代末到 90 年代初进入中国家庭，因此大多已经进入或即将
进入报废期，家电协会预计 2003 年中国将开始进入家电报废的高峰期。

对国内电子废物的总量进行预测是一件非常困难的事，一般只能根据产品
流模型对一定时期内社会电子废物生成量做估算。产品流模型是根据电子产品
产量（或市场销售量）的历史资料和电子产品的一般使用年限计算电子废物实
际生成量的一种方法（Matthews，McMichael，1997）。从 20 世纪 80 年代中
期开始，中国主要家电生产能力都出现了大幅度增长，见表 4-3[①]。

表 4-3　中国主要年份几类耐用电子产品的产量统计

Table 4-3　The Output of Several Durable Electronic Products in China

（单位：万台）

年　份	家用电冰箱	空　调	家用洗衣机	彩色电视机	个人计算机
1978	2.8	0.02	0.04	0.38	—
1980	4.9	1.32	24.53	3.21	—
1985	144.81	12.35	887.20	435.28	—
1990	463.06	24.07	662.68	1033.04	8.21
1991	469.94	63.03	687.17	1205.06	16.25
1992	485.76	158.03	707.93	1333.08	12.62
1993	596.66	364.41	895.85	1435.76	14.66
1994	768.12	393.42	1094.24	1689.15	24.57
1995	918.54	682.56	984.41	2057.74	83.57
1996	979.65	786.21	1074.72	2537.60	138.83
1997	1044.43	974.01	1254.48	2711.33	206.55
1998	1060.00	1156.87	1207.31	3497.00	291.40
1999	1210.00	1337.64	1342.17	4262.00	405.00
2000	1279.00	1826.67	1442.98	3936.00	672.00
2001	1351.28	2333.64	1431.61	4093.70	877.65
总计	10778.95	10114.25	13697.32	30230.33	2751.31

资料来源：中国统计年鉴 2002。

---

①　后来国内不同研究机构采用产量、销量和百户拥有率等数据做了不同的电子废物流预测模型，
我们 2012 年总结了各种预测模型的预测结果，并与 2009—2011 年家电以旧换新的回收数据做了比较。

从表 4-3 中可以看出，1985—1990 年是我国家用电器产量快速增长，市场全面普及的阶段。按家电正常使用寿命 10～15 年计算，根据 1990 年的年生产量，到 2005 年我国电冰箱报废量将超过 400 万台，洗衣机超过 600 万台，电视机超过 1000 万台。空调和计算机的生产起步相对滞后一些，但近几年增长速度更快。由此可见 2005 年以后，我国各种电器的年报费量在相当长的时期内都会保持快速增加的趋势。到 20 世纪 90 年代末期，我国城市居民的家电消费量逐渐进入一个相对稳定的时期，可以预计城镇居民家用电器报废量的快速增长将至少持续到 2015 年。

近年来快速增长的个人计算机消费情况比较独特。中国个人电脑市场增长速度目前在全球一枝独秀，已经成为全球第三大个人计算机市场，并且有望在 2003 年超越日本，跃居世界第二。同时，计算机在经济发达城市中的普及速度远远高于农村落后地区。由于我国计算机消费中 70％以上属于商用消费，其中政府支持的几项国家信息化工程是拉动国内计算机消费的最重要的市场力量，因此计算机的更新淘汰受政府管理模式的影响比较大，同一般家用电器的消费模式不同。从 1996 年开始，中国国内计算机市场主流产品的更新换代速度就基本与发达国家同步了。大企业和机构用户计算机的更新淘汰速度甚至超过发达国家的水平。以北京市为例，个人计算机的平均使用年限只有两年左右。计算机市场的这种高消费现象普遍出现在许多政府机构和国有单位中，使得国内废旧电脑的增长速度远远高于普通家用电器。根据国家环保局的估计，国内废旧计算机已经超过 500 万台。由于国有机构财会制度对报废设备的残值计算有特殊规定，大量废旧计算机的处理方式也不同于一般家用电器。

由于农村居民收入水平与城市相比有很大差距，农村家庭的家电普及率还比较低（表 4-4）。

表 4-4　中国 2001 年居民家庭平均每百户电器拥有量抽样统计

Table 4-4　Sampling Check of Household Durable Electronics per Hundred

Families in China, 2001

	洗衣机(台)	电冰箱(台)	彩色电视机(台)	空调(台)	电脑(台)	移动电话(部)
城镇居民家庭	92.22	81.87	120.52	13.31	35.79	33.97
农村居民家庭	29.94	13.59	54.41	—	22.80	—

资料来源：中国统计年鉴 2002。

　　这对电子废物总量的增长会产生两种影响：一方面，我国目前大多数城镇家庭淘汰的废旧电器通过各种渠道流向农村，客观上延长了电子产品的使用年限，延缓了城市电子废物剧增的压力；另一方面，随着农民生活水平的提高，国内电子产品生产企业近几年已经开始重视农村市场需求的增长潜力，并将开辟农村市场作为业务发展的新增长点。随着农村家庭电器消费量的增长，以及对产品品质要求的提高，现有废弃电器的消纳市场会逐渐萎缩，而总体上，电器废弃量增长到一个相对稳定的水平的时间会进一步延长。

　　大量家用电器的超期服役容易引发安全隐患，并且从能源利用效率来看，废旧电器的延期使用也是不合理的，更为严重的是报废电器的随意处置所引起的环境污染问题已经开始逐渐显现。这些问题都使得研究制定我国的电子废物管理办法变得愈加紧迫。同时，由于我国目前能够达到一定规模处理水平和技术改造条件的处理企业主要依赖进口原料，因此从有效扶持再生资源产业发展的角度来看，建立我国的电子废物管理制度需要将进口电子废物问题与国内消费产生的电子废物管理问题结合起来考虑。

4.2　电子产品生产、消费和再生利用活动的空间分布与相互联系

　　近二十年，特别是 20 世纪 90 年代以来，国内电子产业的生产组织形式发生了巨大转变，并影响到普通居民的一般消费模式。这种生产消费模式的转变对电子产业及再生利用活动的空间分布有着直接的影响。

4.2.1　生产——竞争、集聚与分化

　　改革开放以来，我国电子产业发展的政策环境发生很大变化，具体包括以下 3 个方面。

　　（1）从进口替代到出口导向

　　改革开放以来，我国电子信息产业的发展战略重点经历了从进口替代到出口导向的转变，同时产品市场也从以军事国防为中心向重点发展民用市场转移。市场经济改革过程中，对于国内主要由国有企业组成的工业体系的改组是

国家经济转型的一个突出使命。20 世纪 90 年代以前，工业企业改革分为两大部分，对于国有企业，在计划经济体制内部扩大企业自主权，将市场与计划相结合，国有企业的生产效率有所提高，同时，国内市场受到较强的保护，使得国有企业能够在引进技术的时候利用国内市场的优势获得进一步的技术转移。对于非国有经济部分，国家鼓励外向型加工出口的发展，对创造劳动就业和促进地方经济发展带来了很大的推动力。以港澳台资为主的投资驱动了沿海经济特区和开放区域的外向型工业化发展，形成了典型的为跨国公司全球生产体系服务的出口加工平台。两种工业体系并存的二元化产业格局也成为我国电子信息产业发展的一个突出特点。

(2) 从市场保护到引入竞争

在国内市场高度保护的基础上发展起来的二元化工业结构，到一定阶段往往会出现发展的限制瓶颈，为了促进逐步成长起来的非国有工业体系的结构调整和技术升级，同时给国有经济转轨注入竞争的活力，1992 年以后，中国开始进一步扩大对外开放。电子信息产业作为一种新兴的行业，其对外开放的力度比较强。从 1992—1997 年，中国市场平均进口关税经过 6 次下调，从 43.21％降到了 17％。电子产品关税下降幅度更大，实际税率从 42.9％下降到 13.9％。特别是个人电脑等产品，关税下调还伴随着进口配额的取消，使得原先处于垄断地位的国内生产企业一下子面临与国际竞争者在同一个市场上竞争的局面。这一调整对中国电子信息产业的发展轨迹和空间布局产生了重大影响。

(3) 从投入推动到需求拉动

20 世纪 90 年代以来，国家在信息基础设施方面的巨大投入给电子信息行业创造了巨大的市场需求，从而给国内电子信息产业的发展提供了良好的激励。以"三金"工程为代表的一系列国家级"金"字工程，涉及通信、电力、税务、海关、金融、社会保险、医疗等社会公共基础设施的各个方面，在全社会范围内极大地推动了电子信息技术的广泛应用。国家信息化工程不仅成就了北京中关村这样的国内最大的电子信息产品市场，同时各省市的地方信息化工程也带动了一大批当地电子信息企业的发展。通过这类工程项目，国内不少电子信息企业通过系统集成业务与具备领先技术优势的跨国公司建立起了各种形式的业务合作关系，促进了国内企业的技术学习和产业升级。

我国电子产业发展政策环境的变化切合了全球电子产业转移的大背景，图 4-1 和图 4-2 利用 1993 年和 1998 年的《中国工业经济统计年鉴》的数据对比了 1992 年和 1997 年电子制造业区位商的省际差异，可以反映这一时期区域电子制造业专业化程度的空间变化。1992—1997 年间采用的数据是年鉴中所列的电子通信设备制造业，包括通信设备制造业、雷达、广播电视设备制造业、计算机制造业、电子元件制造业、电子器件制造业、家电制造业、其他电子设备制造业和电子设备维修业 9 个子类。

区位商的计算公式为：

$$L = \frac{E_i / P_i}{E / P}$$

其中 E_i 为 I 省电子通信设备制造业当年的工业增加值，P_i 为 I 省当年全部工业增加值，E 为全国当年电子通信设备制造业的工业增加值，P 为全国全部工业增加值。根据计算结果，将所有省份的区位商数值分为 6 个级别，反映不同区域的专业化程度差异。

从区域专业化水平来看，进入 20 世纪 90 年代，中国电子信息制造业的空间二元结构已经非常明显，东部沿海的外向型出口加工基地和内地以四川和陕西为代表的军工电子产业基地呈现出较高的区域专业化水平。而市场开放和竞争进一步促进了电子信息制造业向东部沿海集中，形成"北京—天津""江苏—上海""广东—福建"几个重点区域。"陕西—四川"作为我国改革开放以前三线建设的重点地区，曾经在军用电子产品生产方面获得国家比较大的投资，不过改革开放以后，除了少数企业在军转民的过程中有良好的市场表现以外，大多数在市场竞争中由于区位劣势而陷入困境，新兴电子信息产业的发展速度较慢，不过仍然在全国电子信息产业中占有比较重要的位置。

图 4-2 显示了 1999 年中国电子企业的空间分布和结构，反映了全球化生产强化了中国电子企业在沿海的集聚性。

产业的空间转移还伴随着产业组织形式的转型。20 世纪 90 年代初以前，国内电子产品市场还普遍受到高额关税和进口配额的保护。以国有企业为主的针对国内市场的生产活动与外资主导的针对海外市场的出口加工活动相互之间处于分割的状态。随着中国市场的开放日趋深入，市场竞争促使中国电子企业在技术和管理方式上都不断与国际接轨，逐步融入全球化的分工协作网络中去，见表 4-5。

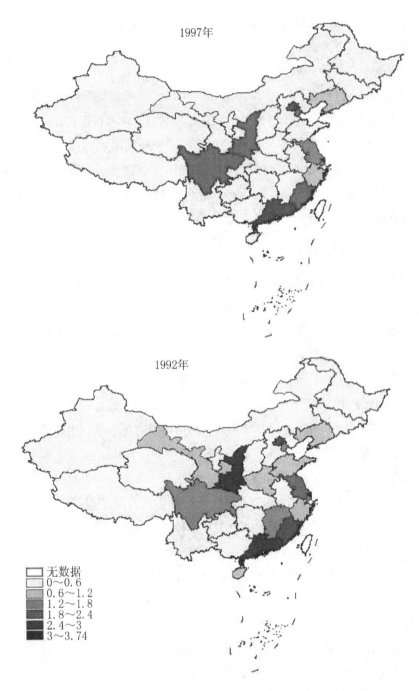

图 4-1 1997 年和 1992 年中国电子产业区位商的省际差异比较
Fig. 4-1 Comparison of Provincial Variation of LQ of Electronics Industry in China in 1997 and 1992

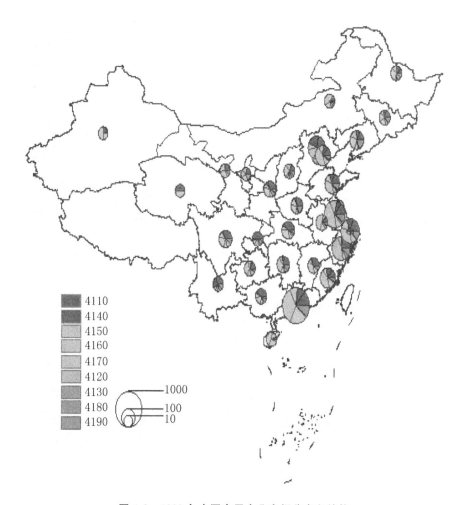

图 4-2 1999 年中国电子企业空间分布和结构

Fig. 4-2 The Spatial Distribution and Structure of

Electronic Firms in China，1999

注：图中的电子企业指中国工业标准分类中的电子和通信设备制造业（4100），包括通信设备制造业（4110）、雷达（4120）、广播电视设备制造业（4130）、计算机制造业（4140）、电子元件制造业（4150）、电子器件制造业（4160）、家电制造业（4170）、其他电子设备制造业（4180）和电子设备维修业（4190）9 个类别。

资料来源：国家统计局，《中国基本单位统计年鉴 2000》。

由于技术和市场变动日趋频繁，时间因素对产品市场价格具有决定性的影响，产品生产者为了能够尽可能地缩短供货时间，需要依赖周边供应商近距离供货，从而使不同生产环节的企业在各自达到合理的规模经济的条

表4-5　中国主要电子产品进出口总值及其占国际市场份额，1996—2000

Table 4-5　Import-Export Values and Market Share of Electronic

Products in China, 1996—2000

	进口(千美元)	国际贸易份额(%)	出口(千美元)	国际贸易份额(%)
计算机				
1996	964722	0.72	3690397	2.77
1997	1135129	0.75	5361766	3.56
1998	1821250	1.22	7066626	4.75
1999	3253327	2.05	7921950	5.00
2000	4516388	2.62	10994084	6.38
电视机				
1996	246677	1.27	794335	3.60
1997	170941	0.90	654848	3.08
1998	131750	0.61	686668	3.10
1999	143775	0.67	803093	3.71
2000	59949	0.24	1297345	4.87
其他家用电器				
1996	269865	0.86	1669900	5.50
1997	201220	0.64	2113146	6.81
1998	171144	0.53	2277853	7.33
1999	192409	0.58	2863964	8.99
2000	232973	0.66	3792178	11.59
电子通信设备				
1996	5415719	4.53	4687631	4.09
1997	5716461	4.25	5629636	4.30
1998	7625250	5.40	6253019	4.58
1999	9117015	5.57	7960264	5.14
2000	12230762	5.73	12368235	6.16

资料来源：United Nations Statistics Division (2002) COMTRADE database, Geneva.

件下，彼此之间还能够根据市场的需要，采取灵活的合作方式对市场变化做出反应。既时生产、零库存管理，以及弹性专精的生产协作网络在全球电子产业竞争中得到广泛实践，并臻于极致，在满足市场消费的多样化、个性化方面体现了强大的竞争优势。

我国电子生产企业的生产能力迅速增强，目前我国电冰箱年产量已达到1400 万台，洗衣机产量 1400 万台，空调器产量 2000 万台，分别占到世界总产量的 20％、21％和 50％，同时各类小家电也具备了相当大的生产规模。电子产品出口量不断上升，家用电器目前已成为我国主要出口产品。在国家经贸委举行的中国家用电器行业年度发展情况新闻发布会上，中国轻工业联合会副秘书长、中国家用电器协会理事长霍杜芳说，2014 年中国家用电器进出口贸易继续实现快速增长，对外贸易总额达到 87.07 亿美元。其中，出口 69.29 亿美元，进口 17.78 亿美元，同比增幅分别为 23.27％和 24.42％；出口增幅远高于全国出口 6.8％和机电产品出口 12.8％的平均增长水平。随着中国的电子产业逐步融入全球化的生产网络，电子产品制造业已经发展成为我国重要的国家竞争优势产业。

在日趋激烈的竞争环境下，国内电子企业出现了分化。少部分大型企业向规模化方向发展，利用规模优势赢得市场主动权。由于国内不少家电生产企业或计算机厂商在关键技术和关键零部件方面主要依赖进口，因此厂商的利润率比较低，一些成熟产品生产线，只能依靠大规模生产降低成本，维持收益。以电脑显示器为例，快速的技术变化导致产品价格飞速下降，据访谈的生产企业介绍，2000 年国内年产 30 万台的生产厂仅能保持盈亏平衡。以国内最大的计算机生产厂商联想为例，尽管 2001 年产量已经超过 200 万台，占据国内市场份额近三分之一，但是总体利润率不足 5％。

2001 年年底中国加入 WTO，并签署《信息技术协议》，承诺 2005 年以前所有电子信息产品和零部件的关税都要降至零，预示着国内电子产业将面对更加开放的竞争环境。由于电子产业的核心技术产品生产具有投资成本高昂、市场风险大的特点，已经形成较大生产规模的企业从自身发展条件出发，倾向于选择立足国内市场，通过面向国内消费市场的增值服务提升自身的市场竞争力。目前，国内具有一定实力的大型电子企业，不论是家电生产企业，还是计算机和通信产品厂商都非常着意培养自己的国内市场销售和服务网络。市场和服务优势，而非技术优势，是国内大型电子企业的普遍特点。这一特点对于延伸生产者在电子废物回收处理中的责任具有重要意义。首先，企业的市场优势决定其在采购中具有一定的影响上游生产者产品性质的能力，也就是说，这些企业具有控制和选择材料中是否使用有害物质的权利；其次，产品废弃后的回收处理需要与现有的销售体系相结合，可以看作产品售后服务内容的扩充。遗憾的是国内企业对此并没有足够的认识，相反一些跨国公司，如诺基亚、摩托罗拉等，却率先开始在沿海发达城市尝试开展一些免费回收活动，向消费者传播新的环保消费观念。

国内的电子企业中还有大量分散的中小企业，其中一部分组成大企业的零部件供应商网，或提供其他相关配套服务，还有一部分在终端产品市场上寻找市场空隙。后者中，将废旧电子元件拼装成新产品，在市场上低价出售的情况十分普遍，由于无法在生产规模上与正规的大企业竞争，这些企业只好在原材料的成本方面尽量降低支出，因此为电子废物拆解活动创造了一个巨大的需求市场。典型的例子如浙江温州柳市的低压电器产业，就是 20 世纪 80 年代初当地农村乡镇企业进口国外废旧电子产品进行加工拼装而发展起来的，不过随着当地部分企业逐渐发展壮大，有实力的企业转而向正规化方向发展，并与当地政府配合打击各种不正规的拼装生产作坊，以改变当地产品质量低劣的市场声誉。然而，由于客观上低价产品仍然有着巨大的需求市场，也有一些进口废旧电子产品加工处理活动集中的地区逐渐发展成为旧货改装产品的专业化市场，如广东清远，围绕产品的进货、加工、组装、销售，甚至售后服务，形成上下游分工明确的产业链[①]。

4.2.2　消费——普及与加速更新

消费水平的城乡差异和区域差异是客观存在的，不过不同电子产品的情况不完全一样，除了与当地经济发展水平有关以外，自然环境条件对一些特定的家用电器，如冰箱、空调等，也有影响。但就普通家电产品的保有量而言，各地城镇居民家庭的平均消费水平差异并不明显，如图 4-3 所示，东部发达地区，特别是大城市周边的农村居民消费水平与城市居民的差异也逐渐缩小。

中国台湾地区 20 世纪 80 年代中期就基本实现了家用电器的社会普及，1998 年开始实行新的废旧家电回收管理法时，普通家用电器，包括彩色电视

---

① 废旧产品维修、翻新、零部件重用的网络非常复杂，并且与生产、消费、售后服务等活动交织在一起。从后来电子废物规范化拆解处理业的发展来看，旨在延长产品使用寿命的再制造、零部件再利用等比单纯拆解后材料回收的难度大得多。

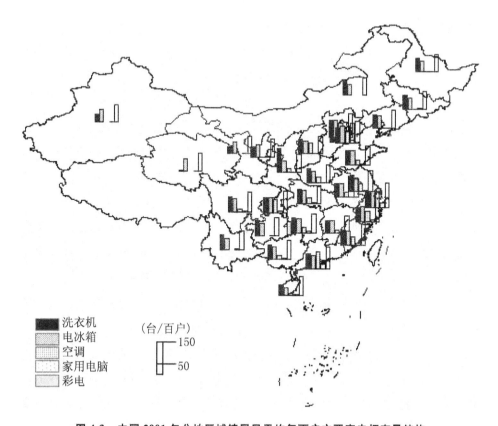

图 4-3　中国 2001 年分地区城镇居民平均每百户主要家电拥有量结构

Fig. 4-3　Spatial Pattern of Household Durable Electronics per

100 Urban Families in China，2001

资料来源：中国统计年鉴，2002。

机、冰箱、洗衣机的普及率都超过 90％，空调的普及率也超过 75％，个人计算机的普及率达到 32％（中国统计年鉴 2002）。目前大陆地区东部沿海发达城市城镇居民的家用电器普及水平也基本达到这一标准[①]，但由于普及时间还比较短，更新换代的比率处于快速增长的阶段，尚未进入一个相对稳定的状态。

　　由于产品更新换代主要集中于城镇和经济发达地区，而废旧电子产品翻新后大量销往农村市场，电子废物回收处理中的环境污染问题也主要集中在贫困落后的农村地区，因此国内的电子废物管理所面临的主要挑战与全球电子废物

---

　　① 中国大陆地区与台湾地区居民家用电器普及率的计算方式不同，大陆地区使用每百户拥有量的抽样调查数据，台湾地区则使用拥有某种电器的家庭占全部调查家庭的百分比，因此对两者只能进行一个大概的对比。

问题如出一辙，只不过没有跨越国境而已[①]。

4.2.3 再生利用——寻找生存缝隙

由于国内的电子废物管理工作刚刚提上日程，20世纪90年代以来中国沿海地区出现的电子废物再生利用活动主要是依赖进口，因此大量处理企业都集中在东部沿海的主要港口城市周围。图4-4显示了2002年中国进口第七类废物定点加工利用单位的空间分布。能够通过国家环保局认证，获得定点加工利用单位资格的企业，只占全部加工利用企业的极少部分。并且政府在资格分配名额中还考虑了一定的区域平衡因素，因此所反映的空间分布与现实情况相比集中度要低，但空间集聚的特征已经非常明显。其中一些有进口资格的单位，自身并不从事拆解回收工作，而是将进口原料分包给中小型处理企业或家庭拆解户进行拆解加工，然后收购其中有价值的原材料。

将图4-4与我国电子企业的空间分布图相比较，可以看到两者的空间集聚特征具有相似性。从集聚的动力因素来看，劳动力成本和对外运输条件在促进劳动密集型的外向型加工（拆解）行业空间集聚中的作用是相似的。此外，是否还有其他因素使两者在空间分布上具有这样的相关性呢？从正式部门的产业活动来看，两者之间似乎并不存在紧密的产业联系，彼此分属不同的行业部门，处于"生产—消费"的不同环节，所面对的市场和服务的对象都大相径庭。然而透过非正式产业部门，这两者却紧密联系在一起，形成一个庞大的跨地区的地下电子废物再生利用网络。

没有准确的统计数据可以测量这两者的产业联系的强度，可是从调查访谈中很容易发现，北京的电子产品经营者一般都知道国内电子产品的生产基地在广东深圳、东莞一带，而深圳、东莞大量的中小型电子业者也知道从广东南海、浙江台州一带可以买到大量廉价的二手电子元件。这种非正式的产业联系只是存在于业者口耳相传的信息交流中，很少有业者主动承认自己采购这样的元器件，却常常指责市面上的其他竞争对手依靠这种廉价元器件搞不正当竞争。

而拆解企业对此有不同的看法，对于一些使用年限不长的电子产品，废弃

---

① 后来的事实也证明乡村电子废物的回收才是真正的难点所在。

图 4-4　2002 年中国进口第七类废物定点加工利用单位分布

Fig. 4-4　Spatial Distribution of the Authorized 7th Category Import Waste

Processor in China, 2002

资料来源：国家环保局，2002。

以后，其中不少电子元件刚刚度过磨合期，进入性能相对稳定的成熟期，完全可以重复使用，只不过对这些元件进行彻底的检测，分类比较麻烦。再说电子产品技术更新太快，可能拆卸下来的元件并没有性能的问题，但是已经没有办法适应市面上新一代产品的需要了。为此，给这些元件寻找合适的再利用途径才是最佳出路，否则就只能回收其中的原材料，回收利用的产品价值就降低了。

对于原材料回收而言，再生资源行业的地方产业联系则更加广泛，图 4-5 以长江三角洲相关的特色产业群为例，反映了这样一种基于市场自发形成的跨

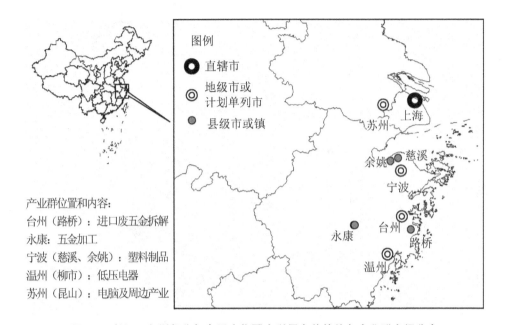

图 4-5　长江三角洲部分与电子废物再生利用有关的特色产业群空间分布

Fig. 4-5　Industrial Clusters Related to E-waste Recycling Activities in Yangzi River Delta

行业的再生利用循环经济联系。

　　长江三角洲沿海港口附近不少地区都存在进口废五金拆解加工活动,其中台州的路桥发展时间较长,集聚性显著,因而也较为知名。周边地区像宁波余姚、慈溪的塑料制品产业群,永康的五金制品产业群,温州柳市的低压电器产业群,在发展之初都不同程度上依赖了当地物资再生行业提供的再生原材料。

　　而从当地电子产业(如近年来苏州、上海一带出现的电子产业集聚现象)发展的角度看,也需要一个与之相适应的再生循环利用体系作为支持,因此本地多样化的产业集聚和既定的产业联系成为发展再生资源行业的现实基础,关键在于如何在这一基础上建立正规化的电子废物管理体系,使经济发展与环境保护目标能够有效结合起来。

　　一种观点认为,通过规范现有的进口第七类电子废物加工处理活动,将这些活动严格限制在特定的区域、特定的企业范围内,通过提高这些企业的技术管理水平,就可以既满足当前市场对进口再生材料的需求,又为将来解决国内自身的电子废物问题做好准备。然而,现有的进口电子废物处理系统是否能有效结合国内电子产业发展的需要是存在疑问的,主要原因在于现有的进口电子废物处理系统其实是以金属回收为核心的,而不是面向环境保护目标的全面回收利用体系。这导致了对加工处理企业的评价和废物进出口管理体制都以金属回收的价值为主要评价依据,而环境保护措施往往成为企业的额外负担。而且对于电子元件和零部件回收再利用的市场也缺乏有效管理,在出现废旧元器件拼装产品以旧充新,假冒伪劣现象泛滥的时候,只能采取"堵"的方式,强制取缔。现存的管理制度进一步强化了这种结构,这很大程度上与我国目前的再生资源行业发展现状有关。

4.3 我国再生资源行业的发展

自新中国成立以来,物资再生利用部门经历了一个结构转变的过程。我国再生资源(废旧物资)回收利用工作始于 20 世纪 50 年代,在计划经济时期已建立起以物资部门和供销合作社系统为主渠道的回收、加工体系。这一时期,中国的废旧物资循环管理体系是以节约资源、支援社会主义建设为核心的。在政府计划部门的统一管理下,各种废旧物资材料的回收利用率保持了较高的水平[205]。

改革开放以来,随着市场经济的发展,国有部门控制的正规化的废旧物资回收利用体系逐步瓦解,一方面,物资回收企业或收缩经营范围,或转向加工收益较高的附属行业,如金属加工提炼等;另一方面,城市生活水平提高,对废物处理的经济收益越来越不重视,居民通常不再将废物保存起来,运往专门的回收点,而是转向寻求方便的废弃和处理途径。于是,城市大量废旧物资回收工作被私营的流动商贩所取代,这些个体流动商贩一般都作为城市非正式经济部门而存在,却在市场经济转轨过程中填补了公有部门退出的空白,成为整个回收、加工和再利用产业链条中连接消费者废物源与回收系统之间的重要环节[206]。这些流动商贩大多由外来人口组成,处于城市社会的底层,构成特殊的城市"边缘人"群体[207]。

尽管再生资源行业各种废旧物资的年处理总量大幅度增长,但相对废物产生量而言,总体回收率却呈下降趋势。主要原因在于单纯的市场经济利益驱动,如果没有政府的特殊政策支持,一些在市场条件下无法实现盈利的废物处理活动很难继续生存。由于人民收入水平大幅度提升,消费模式发生巨大转变,城市废物丢弃量激增。目前废物的回收管理工作已经从单一的以节约资源为基本目标转变为节约资源与保护环境并重。

由此,我国现有再生资源回收利用形成了由再生物资生产系统与环境保护部门共同组成的政府管理系统，如图 4-6 所示，分别侧重资源节约与控制污染两个方面。正规化的再生资源生产系统存在两个纵向系统，一是原商业部供销合作社所属的物资回收系统，属于商业流通系统；二是原物资部物资再生利用总公司所属的物资再生利用系统。1993 年，国家机构改革将两部合并为国内经济贸易部，后调整为国家国内贸易局，直属国务院，下设再生资源管理与协调司，并成立了中国物资再生协会。2001 年，机构改革国家国内贸易局正式[①]撤销，国家经贸委新组建了贸易市场局，承担全国商品流通行业管理的职能，再生资源行业的部分管理职能归并到经贸委下设的资源节约与综合利用司负责。

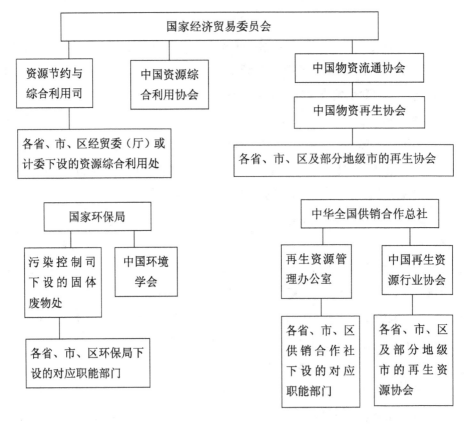

图 4-6　全国再生资源（废物）回收利用政府管理系统概况

Fig. 4-6　The Government System for Management of Recycling Acitivities in China

资料来源：根据王保士（2001）修改[208]。

---

①　2003 年国务院机构再次调整，国家经济贸易委员会撤销，资源节约与综合利用司改组到国家计划委员会资源司。

同时，本着政府机构精简、职能转变的原则，将原有大量政府职能转由专业协会完成，其中负责再生资源行业指导协调工作的中国物资再生协会由隶属于国家经贸委的中国物资流通协会代管。污染控制方面主要由国家环保局污染控制司下设的固体废物处负责，侧重于城市生活废物管理，危险废物的管理、搜集和处置工作。此外，有关进口废物的管理还需要与海关、进出口检验检疫等相关部门协调合作。

我国再生资源生产系统的回收内容主要包括六大类废旧物资：废钢铁、废有色金属、废塑料、废橡胶、废纸和废玻璃。其中回收收益比较高的废钢铁回收率为 70%～80%，废有色金属回收率为 85%[209]。而回收受益较低的物资，如废塑料，回收率实际较计划经济体制下反而降低了[108]。

废旧电子产品的回收处理应该是一种回收收益比较高的行业，沿海具有第七类进口废物定点加工资格的企业，有相当一部分隶属于当地的物资回收部门或供销合作社。不过电子废物属于复杂废物，所含的成分比较复杂，需要经过特殊的拆解分选程序后才能与现有的物资回收体系接合。拆解过程中对零部件及材料性质、状况的判断能力和分选的精细程度极大地影响着回收过程的收益。这使得电子废物回收处理需要从现有的废物回收体系中独立出来，走专业化道路。

然而由于国家已经明令禁止进口废旧电器，曾经以处理电子废物为主要业务的企业也就不可能继续在合法的范围内从事专业化的废旧电器处理活动，在法律规定的范围内，企业只能维持以金属回收为核心的加工处理活动。这些企业不少都有意向进入废旧电器回收行业，但是认为如果政府不开放进口这一块，单靠国内的电子废物，难以保证企业实现规模经营的量。毕竟国内从家电普及到进入废弃高峰还有一段时间，而重建规范化的回收渠道可能还需要更长时间。因此现在投资建设大规模的废旧电器回收处理生产线可能难以在短期内实现盈利，必须有政府的政策扶持，减免税收固然是一个方面，但是如果能开放进口电子废物处理，就能立刻解决引进生产线所需要的稳定废物供应量问题。

而从环保部门的角度看，电子废物的环境污染问题在当前中国实在很难排上环境问题的优先解决议程，电子废物在中国城市废物构成中的比重还达不到万分之一，在快速工业化的地区，大量工业有害废物的管理更为紧迫。而城市地区，目前连最基本的生活废物分类回收问题还没有解决。事实上，环境污染问题是中国广大农村地区在工业化与城市化过程中普遍存在的问题，而电子废物处理中的污染问题与大量存在的中小企业土法采掘和冶炼，以及制造加工过程中的污染问题，并没有本质的区别。因此，即便在废物进口管理问题上，对电子废物实行特殊的严格管理制度的原因也是规范和保护国内电子产品市场多于防止环境污染问题①。

由此可见，中国的电子废物问题只有与电子产业的发展结合起来，才具有现实意义。而这种结合的出发点在于促进电子产业与再生资源行业的交流与合作，一方面，提高国内电子企业的环保技术创新能力；另一方面，促进再生资源行业的结构调整和技术升级。

① 根据访谈整理。

第5章 中国的电子废物管理

——探索与争论①

随着电子产品消费的普及，有关电子废物管理的问题已经开始引起政府相关部门的重视。然而关于如何建立我国的电子废物管理制度，政府部门、产业界和研究者之间存在很大的争论。政府部门和研究者在借鉴国外经验的同时，也强调我国国情的特殊性，特别是经济发展中巨大的区域差异和城乡差异，增加了政府制定政策的难度。从国内市场环境来看，环境保护压力，特别是与消费者的健康利益没有直接关系的产品环保特性还不具有足够的市场号召力，至少还很难令广大的消费者愿意为之支付额外的费用。而单纯依靠政府推动的环境保护目标也难以达到理想的效果。

同许多其他产业一样，随着我国加速融入全球化生产分工体系，我国电子产品生产企业在寻求扩展海外市场时开始感受到越来越强烈的非关税贸易壁垒的限制，其中也包括层出不穷的环境保护标准和法律制度。由于总是被动地接受发达国家的技术标准，我国电子企业在技术创新方面具有较强的依赖性，始终处于引进、模仿和复制的阶段。综合性的产品环境保护设计还不为大多数企业所重视。随着环境保护目标逐渐成为技术创新和产品开发中的重要因素，需要创造一定的国内法律制度环境，促进本国企业在产品设计和生产过程中对此投入更大的精力。

我国作为正在发展中的全球电子制造业大国，电子产业的可持续发展需要完善的回收循环处理系统与之相配套。建立我国的电子废物管理制度需要综合

---

① 本章反映的是调查时观察到的不同部门、不同主体的探索和立场。在本书附录中也包含了经过多年讨论协商后形成的3部关键立法成果，体现了探索与争论的阶段性总结。

考虑环境保护、提升电子产业竞争力和促进再生资源产业发展三方面的目标。

建立基于延伸生产者责任原则的废弃产品回收管理制度的确是结合这三个目标的有效途径，特别是能够大大促进再生资源行业与生产企业之间的联系。引入这一原则使得电子废物管理体系成为我国电子产业的一个组成部分，加强电子生产企业与再生资源回收利用企业之间的合作，从而缓解目前我国再生资源企业资金不足、发展举步维艰的状态。不过，由于这一原则涉及一个非常广泛的政策工具体系，必须结合具体的政策目标选择合适的法律和经济手段，因此有必要研究延伸生产者责任原则在我国的适用性。其中，一个最核心的问题就是在基于强制的立法管理措施与基于自愿的非强制性措施之间寻求一个平衡点，以使整个制度体系在现有的社会经济文化背景下，交易成本较低。特别是在国内区域发展极不平衡的条件下，各地如果能够立足本地的地方特点，探索一种自下而上的制度建构道路，也许比中央自上而下的"一刀切"管理模式更为有效。

5.1　电子废物管理相关立法与政策

当前全球环境保护和可持续发展变革中，环保技术和管理实践主要是从发达国家向发展中国家传递。不过这种技术和管理经验的转移还必须结合发展中国家和地区的本地实际情况。我国电子废物问题的全国性立法和地方管理实践也体现了"自上而下"与"自下而上"两种不同的发展道路。

5.1.1　现有法律框架中的相关内容

我国目前还没有专门的电子废物管理法律制度，现有法律框架中也缺少明确的规定，但是已经颁布的一些法律蕴含了相关的原则和立法精神，从而为新的法律制度提供了依据。

就进口废物管理而言，除了专门的《废物进口环境保护管理暂行规定》及"补充规定"对进口废物的具体管理办法和限制措施进行详细规定以外，我国刑法第 155 条第（3）项和第 339 条还分别对走私固体废物，和非法处置、擅自进口固体废物并造成重大环境污染事故的行为规定了严厉的刑事责任。

而对于国内的固体废物问题，我国 1996 年制定的《中华人民共和国固体

废物污染环境防治法》对固体废物的环境污染防治做了原则性的规定，提出
"实行减少固体废物的产生、充分合理利用固体废物和无害化处置固体废物"
的原则，并鼓励、支持综合利用资源，对固体废物实行充分回收和合理利
用，采取有利于固体废物综合利用活动的经济、技术政策和措施。该法虽然
没有对电子废物问题进行专门阐述，但指出"产生固体废物的单位和个人，
应当采取措施，防止或者减少固体废物对环境的污染"，反映了污染者付费
的一般原则。

2002 年颁布的《中华人民共和国清洁生产促进法》中首次在产品报废后
的废弃物管理中引入了延伸生产者责任的原则，规定"生产、销售被列入强制
回收目录的产品和包装物的企业，必须在产品报废和包装物使用后对该产品和
包装物进行回收"；并对"不履行产品或者包装物回收义务的"企业，规定了
相应的法律责任——"由县级以上地方人民政府经济贸易行政主管部门责令限
期改正；拒不改正的，处以十万元以下的罚款"。同时规定了生产者在产品设
计和生产过程中采用减少废物，促进回收利用的责任。对于"生产大型机电设
备、机动运输工具以及国务院经济贸易行政主管部门指定的其他产品的企业"，
生产者还有责任"按照国务院标准化行政主管部门或者其授权机构制定的技术
规范，在产品的主体构件上注明材料成分的标准牌号"。这些规定已经包含了
生产者在产品消费后的废物问题中应当承担的经济责任、行为责任和信息责任
的内容。

5.1.2　建立新型电子废物管理制度的探索[①]

2001 年国务院发展研究中心与中国家电研究所联合向国务院提交了《关
于建立现代废旧物资回收利用体系——以废旧家用电器为例》的研究报告，直
接引起我国政府高层对这一问题的重视[②]，国家经贸委、国家环保局、信息产
业部等相关政府机构同时开展了一系列管理办法的制定工作。

根据这些指示精神，2001 年 9 月，信息产业部领导责成经运司着手废旧

---

① 本节参考杨淑芬、严明霞（2003）"关于当前废旧电器产品回收处理方面的情况"（交流资料）。
② 根据家电研究所张友良先生的访谈，李岚清副总理在有关批示中指出："这（废旧电子产品回
收处理与再利用）是一个非常重大的课题。"

电子信息产品的回收、处理与再利用工作。之后，他们完成了一份《关于废旧电视机、计算机回收利用与循环经济的报告》。该报告提出了三个政策建议：1. 建议由国家综合性部委牵头成立综合领导小组，负责研究我国废旧电视机、计算机的处理问题；2. 建议认真借鉴国外经验教训；3. 建议立法前先出台暂行规定。

目前国家已经成立了一个由国家经贸委牵头，包括信息产业部在内的十部委组成的废旧家电回收处理与再利用工作协调小组。2002 年国家经贸委组织制定的《再生资源回收利用"十五"发展规划》中计划在"十五"期间着手完成废旧家用电器、电脑及其他电子废弃物回收处理的立法工作。2002 年 4 月，"废旧电子信息产品回收处理与再利用工作座谈会"召开。在多次研讨的基础上，形成了"五部曲"的工作思路：一是加强舆论宣传；二是推动立法进程；三是建立回收体系；四是规范市场秩序；五是建立示范工程。

从 2002 年开始，信息产业部、国家经贸委、国家环保总局等部委已经在着手制订三个文件，其中两个是部门规章，一个是技术政策。

第一个是信息产业部经济运行司《电子信息产品生产污染防治管理办法》（以下简称《管理办法》，于 2003 年上半年出台，其中共有五章 29 条，主要依据《中华人民共和国环境保护法》《中华人民共和国清洁生产促进法》等法律法规，并根据电子信息产品制造业的具体情况和特点而制定。《管理办法》的适用范围包括了电子和通信设备制造业大类中的所有电子信息产品的设计、生产和销售，也包括进口产品。《管理办法》明确提出：电子信息产品制造者应当采用资源利用率高、易回收处理、有利于环保的新材料、新技术、新工艺等生产电子信息产品，并尽可能地降低相应的生产成本；应当将有关其生产的电子信息产品的成分、原材料以及废弃后如何处理等信息通过产品说明书或其他适当的方式及时传递给国家有关部门和相应的回收、拆解与处理机构以及公众。《管理办法》要求厂商自 2003 年 7 月 1 日起开始实行有毒有害物质的减量化生产措施；自 2006 年 1 月 1 日（与欧盟条例的期限相同）起投放市场的国家重点监管目录内的电子信息产品不能含有铅、汞、镉、六价铬、聚合溴化联苯（PBB）或者聚合溴化联苯乙醚（PBDE）等；必须在生产的电子信息产品上注明安全使用期限，并在产品说明书中给予详细说明。此外，《管理办法》还要求电子信息产品制造者应当与国家指定的废旧电子信息产品回收机构签订相应的废旧电子信息产品回收合同，委托废旧电子信息产品回收机构回收其生产的达到报废期的产品，承担相应的废旧电子信息产品回收处理费用；进口产品销售商也要遵从此规定。《管理办法》将由信息产业部和国家质量监督检验检疫总局联合发布，这将是一个强制性的规定，一旦开始实施，适用所有范围内的企业、单位和个人都应当遵守，否则将依照《管理办法》的罚则进行处理。《管理办法》出台后，还将继续出台一些配套的规章和有关标准，包括办法适用的具体产品种类。

第二个是国家经贸委委托中国家电研究所制定的《废旧家电回收处理与再利用管理办法》，它的框架已经完成，主要是规定废旧家电回收中的生产者责任。但是，由于这个办法中涉及回收处理的付费问题，因此初稿审议过程中争论很激烈，现在还难以找到各方都能接受的解决方案，所以这个管理办法的出台还没有一个明确的时间表。不过，有关家电报废标准的《家用电器安全使用年限和再利用通则》也在研究制订中。这一标准试图通过强制规定家用电器的安全使用年限，促使消费者将使用年限到期的产品交由具备回收处理资格的处理者或生产企业回收处理。这种方式客观上可以促进消费者更新产品，因此受到许多大型生产企业的支持。

第三个是国家环保总局等单位正在研究制定的《废弃家用电器与电子产品污染防治技术政策》，主要目的在于对当前电子产品中含有铅、汞等有毒物质的部件进行专门管理。

5.1.3　鼓励电子废物回收利用的政策

由于各方利益主体对强制性法律制度的具体规定内容存在许多争论，法律法规的制定还需要一个漫长的研究讨论过程。同时，引入新的管理原则也需要给予生产者、消费者等相关主体一段时间了解法律规定，并采取相应的调整适应措施，特别是给生产者一定的技术准备时间。因此，希望短期内就能依靠立法解决眼下国内的电子废物管理问题是不现实的。为此，国家经贸委会同其他相关部门还进一步研究制定提升废旧家用电器回收处理技术的鼓励政策，计划通过兴建一系列政府示范工程，促进电子废物管理水平的提升[210]。

根据《再生资源回收利用"十五"发展规划》，到 2005 年，我国的废家用电

器和废电脑回收量需要达到废弃总量的 80％以上。为此,《发展规划》中计划
"重点建设几个规模适度、管理先进、符合环保要求的废家用电器、电脑,……
回收拆解中心,减轻废弃物对环境的危害",建设"废家用电器、电脑再制造
及加工处理示范工程"。规划中的示范工程,将采取政府投资和引进外资、合
作资金等多种投资形式,根据公共事业产业化的原则,运营权采取招投标形
式,对进入中心的回收处置固体废物的企业进行严格的资格和技术认证。而中
心将对一些项目争取国家优惠政策,保证企业做到"保本微利"。

立法内容和相关政策体现了对废旧物资回收企业实行战略性调整,通过组
建企业集团,实行股份制改造,开办中外合资合作企业等形式,培育一批有竞
争力的大型废旧物资回收企业集团,以此带动再生资源回收利用向产业化方向
发展的思路。

5.2 基于市场化的再生利用活动

从全国性的立法和政策内容来看,政府"自上而下"的管理制度始终在不
断借鉴发达国家的最新管理经验。与此同时,各地从本地的实际情况出发,也
出现了灵活多样的地方管理实践。尽管我国电子废物管理的立法工作刚刚开
始,但是电子废物再生产品市场已经形成稳定的旧货来源,有自成系统的收购
渠道,有特定的消费群体,其发展过程有着明显的地域特点。基于市场化的再
生利用活动在各地普遍存在着,从起初在正式的计划经济体制边缘的缝隙中寻
找生存空间,到逐步在市场转轨的过程中寻求妥协和认可,再生资源市场已经
逐渐在废物回收利用活动中占据主要地位。这对中国电子废物管理制度的形成
过程将会产生深刻的影响。

5.2.1 生产资料市场

首先是以生产资料为主的再生原材料市场,电子废物回收领域中贵金属的
回收数量十分可观,单钯一项,2001 年国内的回收量就达到了 4 吨,而且大
部分来自民营企业。中国铂族金属矿产资源贫乏,由于二次资源的回收工作非
常兴盛,中国钯的出口反而十分活跃。根据北京中色再生金属研究所所做的调

查，我国有色金属年产量中再生金属所占的比重约为 25%～30%。长江三角洲地区成为我国废杂有色金属进出口贸易、资源集散和拆解加工利用的最大基地[198]。

最具地方特点的是围绕包含电子废物在内的废五金再生利用形成的一些地方化的专业集聚。其中以浙江省的永康市，台州市的路桥镇、黄岩区，以及上海周边的一些郊县区最为典型。这里工业资源极度贫乏，却成为改革开放以后乡村工业化发展最为迅速的地区，为了解决本地工业企业的钢材和铜材等生产资料供给严重不足的状况，这里 20 世纪 90 年代以前就在回收国内废旧电器的基础上形成了以废旧电器拆解为源头的回收、拆解、改制和加工体系。90 年代以后，随着对外贸易的扩大，进口废旧物资数量激增，逐渐占据了主导地位，并逐渐发展形成众多远近闻名的再生原材料市场，包括位于台州路桥区的废旧金属市场、金华永康市芝镇的铁皮市场、大园东废钢铁市场、嘉兴市嘉善县陶庄镇的废钢铁市场、秀洲区南汇、油车港的废旧金属市场、宁波慈溪的废旧塑料市场等。

其中以路桥为中心的台州市浙江物资调剂市场成为国际上规模较大的废五金电器拆解基地，该市场沿"石曲—峰江"2.5 千米的 104 国道一线，由路桥机械设备市场、路桥电动机市场、路南变速箱市场、路桥有色金属市场、路桥电器拆解分市场、路桥矽钢片市场、路桥再生资源分市场 7 个分市场联合形成的，以拆解废旧电机、变压器等为主，同时经营废钢铁、有色金属、机床、电动机、发电机、变速箱、卷扬机等机械设备，货源来自全国各省市及日本、美国、俄罗斯和西欧等国。以路桥峰江镇为主，包括周边的三个乡镇，集中了第七类废物定点进口、利用单位 28 家，区域内建有拆解企业 30 个，相关市场 7 个，个体拆解户 1500 户，直接从业人员 1.3 万人。以峰江镇为主（包括路南、新桥）区域内 40 平方千米的范围内，70% 以上的家庭从事废旧金属的购销、拆解和加工，成为当地支柱产业。1999 年海关统计进口量 67.8 万吨，2000 年实际拆解各种废五金电器 80 多万吨（包括台州口岸以及其他口岸进口转运和国内废电器资源)[211,212]。其中路桥区峰江镇的废旧电器拆解加工户达 2000 多家，年产值 20 多亿元人民币，台州市仅路桥和温岭两地以拆解金属为原材料的制造业和加工业产值达 50 亿元之多。路桥拆解市场提供的铜线、铝合金、不锈钢还源源不断地供应到珠江三角洲一带[211,212]。

5.2.2　再生利用活动中的跨国协作

由于我国废物进口管理越来越严格，进口废物处理企业为了谋求自身合法经营的地位，开始寻求跨国协作，以期通过回收处理过程的全程监控，获得政府环境保护部门的认可。例如，中国有色金属工业协会再生金属分会与日本安全循环协会合作，通过实行进口限制类废物全程转移核实报告制度加强对第七类废料进口的管理，借以规范整个行业的贸易行为。不过由于全程监控可能提高回收处理者的成本，而不论是中国有色金属工业协会再生金属分会还是日本安全循环协会在双边的协作企业中（中国的再生处理企业和日本的废物出口单位）都不具有绝对的控制地位，难以杜绝不受监控的废物贸易和加工处理活动，因此跨国协作工作的推进非常艰难。

另一种得到政府主管部门肯定的方式——"圈区"管理，主要借鉴了中国台湾的做法，通过兴建再生资源工业园，将进口七类废物处理活动局限在特定的地域范围之内，园区内企业享有进口特权，但加工处理活动必须满足环境保护的要求。这种形式下，跨国协作的形式相对弹性一些，只要工业园获得国家环保部门或国际环境标准的认证，园区内的企业就有资格成为跨国公司废物处理的合作方。这种模式需要依赖国际范围内延伸生产者责任制度的广泛推行。该模式的主要问题在于进口电子废物处理与国内电子废物管理被人为割裂了，这一点在中国台湾的电子废物管理中已经有所体现。

5.2.3　二手电子产品交易市场

各地还出现了大量以二手电子产品交易为主的专业化旧货交易市场。例如广州最大的旧电视机市场——黄石市场，形成了回收、拆解、翻新、拼装到销售的完整产业链。电视机主要由外壳、显像管、集成电路板、喇叭四大部分组成，其中显像管价格最高。回收的电视机，实际使用年限一般不超过十年，而显像管使用寿命可长达 20 年。使用和运输过程中造成的轻微刮痕，只要用打磨机稍稍打磨，即光洁如新。损坏的集成电路板可以更换，价格不过 100 多元，注塑厂回收旧外壳每个 30 元左右，回炉重注的新外壳售价 100 元。因此，回收商户把外壳和集成电路板更换掉，翻新后的电视机不仅销往内地农村，在广州市民中也颇受欢迎。一些广州人在客厅配置新电视机，其他房间甚至厨房用旧货。二手电视还大量出口周边国家。我国周边十多个国家都是中国旧电器的贸易伙伴，包括发达的新加坡，他们进口中国二手黑白电视机、显示器，用作保安系统的监视器。广州大沙头旧货交易市场是目前广州市最大的综合性旧电器市场，以零售为主。各类二手电器，价格大致相当于新机的一半至十分之一。由于广东省在电子产品生产、消费和再生利用方面的规模在国内都处于领先地位，广东省在全国率先开展研究制定防止废弃电子电器污染管理法规的工作[213]。

　　二手市场与新产品市场存在一定的差别，由于产品质量参差不齐，消费者也难以在很短的时间内准确了解所购产品的真实质量情况，因此二手产品市场较新产品市场更容易出现由于所谓买卖双方信息不对称而导致的"柠檬现象"，使得市场上充斥质次价低的产品，损害消费者的利益。为了提高废旧家电资源利用率，处理好翻新二手货与假冒伪劣的政策界限，国内贸易部和公安部1998 年发布了《旧货流通管理办法》，规定旧货经营者可以对回收物资进行翻新、包装。中国旧货业协会 2002 年又推出新的行业管理办法，要求所有二手货翻新的产品都必须贴上统一的专用标志，与新产品相区别，从而保护消费者的知情权，并且规定旧货销售以后三个月的保修服务，以维护消费者的权益。

5.2.4　在市场经济条件下重建规范化的回收体系[①]

　　新的电子废物回收管理办法尚未出台，一些城市已经开始尝试结合重建本地废旧物资回收网络模式，建立新的规范化电子废物回收处理体系。例如，天津提出在原有的供销合作社系统基础上按照企业化方式建立起完备的废旧家电回收利用体系。这个体系由社区回收网络、市场集散和加工利用三部分组成。废旧家电回收利用处理中心将建在天津市东丽区张贵庄附近，占地 100 亩，计划分别设立旧家电交易区、废家电堆放拆解区、再生品加工处理区和配套的废

---

　　① 事实证明回收体系的重塑是最困难的环节，后来的研究者大多注意到非正式回收业者的网络是回收体系中不可忽视的一环，抛开现有的由庞大的个体回收业者形成的灵活分工的网络，另外重起炉灶，构建回收体系，事实证明是不可行的。但现有回收体系的弊病也在电子废物回收处理体系形成以后逐渐凸显出来。

旧家电检测中心。废旧家用电器，通过技术质量检定，最后确定流通或进行无害化集中拆解。该回收处理中心建成以后，每年无害化处理废旧家电的能力为10万台，可以满足天津市的需要。同时，用一两年的时间在全市建起1000个废旧家电社区回收站点，废旧家电的回收人员将全都由接受过业务和社会治安等方面培训的下岗职工从事，安置总数将达到两千到三千人。北京、上海、广东也结合本地情况，研究制订本地的管理办法，不过都还处于讨论阶段，不少地区则等待中央出台统一的管理办法。

重建规范化的回收体系实际上是要将我国的电子废物回收利用从以金属回收为核心转变为全面的再生利用模式。然而在市场经济条件下，这种转变离不开市场经济利益的激励。依靠政府补贴或优惠的办法发展再生资源行业显然并不能从根本上影响现有的生产消费模式。为此，制度设计的关键在于扩大生产者的参与。不论从电子产业自身创新、生产和消费模式的转变来看，还是从消费者的态度，以及再生资源行业发展的需要，延伸生产者的责任都是建立一体化的再生利用体系中的关键一环。

5.3　延伸生产者责任原则在我国的适用性

延伸生产者责任是将产品废弃后的回收处理过程与生产者的设计、生产和销售环节联系起来的一种创新性的制度安排。这一原则不仅涉及从源头促进国内废物减量化和无害化的目标，也包含了在跨国生产日趋普遍的情况下，生产者对废物的越境转移进行管理和监督控制的责任，是一种探索系统化改革现有生产消费模式的有益尝试。

本研究认为延伸生产者责任的原则完全可以与我国电子产业的战略性结构调整相结合，而产业界应该成为这一调整过程的主导者。

废物问题从根本上讲是一个观念问题，废旧产品如果丢弃就是废物，如果可以重新利用就转变成了资源。而决定社会应当采取何种废物管理制度模式，首先需要了解相关群体对废物问题的态度。

5.3.1　再生处理企业

再生处理企业包括传统的手工拆解处理企业和专业化的综合处理企业。传统的手工拆解废旧家电工艺简单，基本上没有环保投入，所以成本很低；而正规处理企业必须满足严格的环保要求，采用先进的技术、设备、工艺，投入比较大。加上相关政策制度仍未健全，正规的回收体系没有建立起来，废旧家电处理数量很难保证，因此，有意涉足国内电子废物回收处理产业的投资者大多还在持币观望。中国家电协会的负责人表示，如果国家能够出台相应的政策，电子废物回收处理行业肯定是一个能够快速发展的新兴行业，参照日本经验，一个处理量在 15 万～25 万台的中等规模企业，处理生产线全部自动化，投资在 300 万～500 万元之间，回报主要来自政策性处理收费和处理产品产值。即使在发挥80％的生产能力的情况下，3～5 年也能收回成本。而且我国的劳动力资源丰富，一些工艺流程可以通过手工解决，企业进行半自动化的生产，生产成本可以大大降低。

　　新建正规的电子废物回收处理体系可以有两种不同的道路，一种是与传统的进口废五金拆解企业完全分离，重建一系列新的加工处理设施，中国台湾就采用了这种方式，事实证明新建的加工厂由于成本高昂，常常不能获得足够的生产原料，政府不得已还要制定特定的补贴措施，帮助新建的加工厂达到设计要求的处理量；日本由大型电子企业集团联合兴建回收处理加工厂的方法也存在类似问题，由于按照日本废物出口控制的规定，只控制拆解后的废旧电子零部件的出口，而对完整的废旧产品出口没有限制，因此回收的不少废旧家电产品直接被出口到东南亚或中国，而没有进入本国的回收处理加工厂，导致许多新建的处理厂处理量还达不到设计要求的一半。

　　对于中国来说，将新建正规的电子废物处理工厂与管理传统的进口废五金拆解加工活动相结合是更为可行的道路。但是目前国家进口电子废物管理的基本精神是要严格控制和减少发达国家电子废物向我国转移的数量，如果选择第二条道路显然与限制进口电子废物的出发点相矛盾。从《巴塞尔公约》的原则来看，限制危险废物从发达国家出口到发展中国家是为了保护不具备废物处理能力的发展中国家生态环境免受破坏，因此《巴塞尔公约》并不限制发达国家之间的废物交易。电子废物处理中的环境影响主要来自不恰当的处理方法，如果能够证明中国具备合理处理的能力，那么从事进口电子废物处理并不违背《巴塞尔公约》的原则。

　　我国目前拥有国家许可的进口七类废物处理企业大多具有一定的外资背

景，这类海外直接企业在我国投资设厂直接从事以进口废五金为主的金属翻新、拆解、加工、处理、电解等业务，成为当地重要的污染行业。根据1992年的投资金额计算，这类企业在向我国转移的污染密集产业中居于第三位[214]。1996年以后，国家对进口废物处理的环保限制越来越严格，再生处理企业的环境保护压力越来越大，这也迫使这类企业更多地接受环境保护的观念。不少企业强调自身行业在使用再生资源，保护原生矿产方面对环境保护是有贡献的，但是也认识到如果在回收加工处理过程中环境保护工作不能有所改善，整个行业的发展就必然越来越受限制。对于再生处理企业来说，当地的环境保护制度、劳动力成本和再生材料的市场需求应该是最主要的影响因素，那么现有从事进口废物再生处理的企业对这三个因素又是如何看待的呢？进口七类废物处理作为一种存在环境污染的行业，发展中国家的环境保护要求较低是否是外商投资的主要动力因素呢？

从访谈的一些外商投资的定点加工企业来看，受访者并不认为环境标准是投资考虑的主要因素。劳动力成本才是决定性的[①]。一家台资废五金拆解企业的负责人在这一行业已经做了将近30年，在介绍中国台湾的经验时，他强调进口废五金加工回收在中国台湾曾经也受到当地环境保护部门的严格限制，限制措施也和目前大陆采取的方式相似，不过20世纪80年代末90年代初，岛内的进口废五金加工企业大规模向大陆转移的主要原因，还是岛内的劳动力成本上升太快，没有办法继续经营下去了。当然，这些转移的企业当中有一部分缺少责任心，完全不顾及环境污染问题，这类企业通常没有在当地持续经营的打算。对这类企业光用"堵"的办法也没有用，因为他们是运动着的，"堵"只能堵住合法经营者继续发展的道路。这种逆向选择的过程，使得中国台湾目前在建立自己的电子废物回收处理系统时，竟然没有本地的专业电子废物处理企业可以满足需要。

另外，本地对再生资源的市场需求发展非常快。一家台资的定点加工企业谈到自身在大陆的发展过程时说，该企业20世纪80年代末就选择到大陆投资，属于中国台湾开放对大陆投资以后，最早一批进入大陆的企业。最初选在

---

① 世界银行的相关研究对此有相似的结论，认为环境管制因素并不是中国境内一些污染行业的外商直接投资考虑的主要因素，相对来说，劳动力成本、基础设施条件、工人劳动技能的影响更有决定性[118]。

珠江三角洲，建立的是一家来料加工企业，进口废料经过手工拆解、分选处理以后，所有的材料全部又运回中国台湾销售。而在上海附近建立的这家企业，是 1993 年兴建的，所有的回收处理产品都供应本地市场了。原料需求单位直接上门来收购，市场需求很大。

　　研究者通过网络邮寄问卷的方式还对一些海外的电子废物回收处理企业进行了调查，详细内容见附件。从反馈信息来看，企业关心的投资因素中，再生材料的市场需求是第一位的，其次才是劳动力成本。没有一份问卷声称较低的环境保护标准是其投资考虑的主要原因。对于合作方式，所有的企业都对与中国的电子产品制造企业合作有兴趣，事实上，电子产品生产者在这些企业的业务来源中占有非常重要的地位。由于问卷回收率较低，无法根据问卷的统计结果下结论。而且有意思的是，所有反馈的企业都还没有与中国建立任何直接的业务关系，只是对到中国投资的想法有兴趣。相反不少已经在中国建立加工厂或存在贸易关系的企业却没有反馈，如硅谷毒物联盟报告中披露的在中国设有多个加工厂的 Pan Pacific 和 Tung Tai。这些企业的行为和态度可能更具有现实意义。

　　国内再生处理企业的区位变动也反映了再生处理企业对于持续发展所持的不同态度。尽管大多数情况下，沿海七类废物处理企业由于城市扩张的影响不得不向更加边远落后的地区转移，例如台州路桥的不少金属拆解业者，在城市环境整治的过程中，只得选择携带资金技术转移到江西、安徽等内地投资发展，但是也有一些企业选择了相反的迁移方向。例如，在访谈中遇到的一位台州的进口废五金处理业者，他在当地从事这一行业近 20 年，目前打算将自己的拆解工厂迁移到宁波的再生资源工业园区。谈到迁移的目的，他认为和政府环保部门打游击战不是长远之计。由于台州进口"洋垃圾"问题所造成的负面影响太深远，一有政策变化就影响到自己的经营活动，想在业务上进一步发展，也会有顾虑。尽管进入工业园，自己的经营成本可能会增加，但是希望能够通过再生资源工业园区的规范化管理，改变自身行业的形象，从而获得社会认可和相对稳定的经营环境。

　　不过电子废物再生处理活动要从以金属回收为中心转向全面的环境无害化再生利用解决方案，主要动力还是来自产品生产者和使用者的影响力。国内最早的一家对电子废物进行环保处理的专业企业——位于北京大兴的工业有害废物处理基地，就是为了满足在京的一些跨国公司电子废物管理的需求而开展这一业务的。该基地是 1992 年世界银行的资助项目，主要是为了解决北京市的工业企业有害废物处理问题，但是由于北京市工业结构调整，处理中心的发展并没有能够实现原先的规划设想，20 世纪 90 年代末，北京市的一些知名跨国公司开始主动联系该单位，为其承担废弃电脑和办公设备的处理工作，主要是进行设备拆解和数据销毁。拆解的可利用原材料被送往河北、浙江台州等地回收利用，类似主机板之类的回收技术要求较高的材料则根据客户的要求，出口到新加坡或韩国等地，由当地合格的专业处理厂商进行处理。随着电子废物管理问题在全社会获得越来越广泛的关注，该单位已经将电子废物的回收处理作为未来发展的一个重点方向。由此可见，电子废物管理的重点如果总是局限在惩处围堵非法加工处理者这个环节并不能从根本上解决问题，关键还是需要从生产消费的源头入手。

5.3.2　生产者

电子生产企业对于电子废物问题的态度存在很大差别。在调研的过程中，接受访谈的生产企业大部分对生产阶段的废物问题都比较关注，通过参与废料分类和回收处理，生产企业可以降低生产成本，节约原材料。一些企业在生产阶段已经与当地的废料回收处理企业建立起了一定的生产协作关系，将生产过程中产生的加工废屑和残次品进行回收处理。废料回收处理企业成为电子产品制造业协作网络中的一个组成部分。对于废料处理企业来说，靠近生产企业不仅能够保证回收处理的原料来源，而且也保证了处理后回收产品的市场销售。这种分工合作关系在本研究所走访的电子产品生产企业中已经相当普遍。一些回收处理企业还尝试与生产者合作兴建具有生态工业园性质的制造加工园区，在工业园区的规划设计中就充分考虑与之配套的废料回收利用问题。由于废物回收利用的首选目标是使回收材料能够按照原来的用途重复使用。生产者与处理者在生产阶段的合作对于实现这一目标非常有利。另外，国内日益严格的企业环境评价和管理制度对于推动企业严格管理自身生产阶段的废物排放和处理也具有较强的约束作用。

生产阶段产生的固体废屑或残次品在物质组成上与消费后的废弃产品有一定的相似性，但是材料的纯净度较高，回收分类也比较容易，并且容易达到一定的处理规模。而对于回收消费者丢弃的电子废物问题，访谈的国内生产者的态度大多不太积极，主要原因是将废弃的电子产品从用户那里搜集回来的成本很高，而回收处理以后获得的再生产品的收入无法弥补回收利用所需的费用。一些生产者认为，企业生产和销售电子产品赢得了利润，其产品在报废以后产生的废弃物对环境造成污染，企业因此承担一部分回收费用或承担一部分回收工作是可以接受的。但是，产品从生产、销售、使用，到最终报废，受益者不仅仅是企业，如果把污染的责任完全归于生产者是不能够接受的。生产者强调政府和消费者同样是电子产业发展的受益者，因此也应当对最终废旧电子产品的回收和处理承担相应的责任。

由于生产过程涉及复杂的供应商网络，对于谁是生产者这个问题也很难做出笼统的回答。一些厂商认为，国内品牌商一般只从事最终产品的组装，同时控制零售渠道。所以品牌商只能负责利用现有的销售网络将废旧产品回收上来，然后进行分解，再将主要部件通过采购渠道，送还给供应商，由他们进行回收处理。为此，建立与产品生产链相对应的一个废旧产品回收处理的反向配送体系需要产业链各个环节上的企业共同参与。

目前为止，大部分国内电子生产企业均没有采取任何回收处理产品消费后的废弃物的措施。商场中出现的所谓"以旧换新"业务只是一种单纯的促销行为，消费者送回的废旧电器并没有合适的渠道进行彻底的再生利用和环境无害化处理，大多又重新流向二手商品市场。一些企业表示一旦国家出台了相关的法律制度，这些企业可以借鉴国外的管理经验，按照国家制定的法规要求，承担相应的责任。广东的一家家电企业 2002 年率先在深圳市尝试推行以环保营销为主题的废弃家电回收处理的活动，在零售商场采用"以旧换新"的方式回收消费者打算废弃的旧家电，并且承诺在环保部门的监控下，进行销毁处理。不过厂家也特别强调这种促销活动需要企业投入大量的资金，如果没有政府的相关政策扶持，是不可能长期进行下去的[215]。

事实上，如果政府立法规定了电子产品废弃后的厂商回收利用责任，国内企业在实施条件方面与跨国公司相比并没有任何劣势，却在观念方面明显落后于一些知名的跨国企业。IBM、摩托罗拉、惠普、DELL、NEC、诺基亚等公司已经承诺在全球主要市场按照当地的法律规定为客户提供产品废弃后的对环境负责的回收处理解决方案。其中摩托罗拉和诺基亚都在中国一些大城市推出了环保回收废旧手机和手机电池的活动。根据 ISO 14000 的要求，企业经营过程中产生的

废物都必须送往合格的回收处理机构进行环保处理或储存，IBM、惠普等公司 20
世纪 80 年代末 90 年代初就开始为大机构用户提供类似的服务，目前在中国也可
以应客户的要求为外资企业用户提供废弃产品的回收服务。这些企业对本公司在
母国以外的分公司采取同母国一致的企业内废旧电脑和办公设备管理制度，包括
企业内的重复使用制度和环境友好的回收处理制度。这种观念上的领先对企业培
养基于环境保护目标的竞争优势将会产生极大的促进作用。

（1）国际知名电子企业的环保回收行动

① IBM

IBM 的产品全程服务项目包含了降低能源消耗、采用环保设计和提高产品
中的再生材料使用率几大方面。其中，1989 年开始为用户提供废旧电脑回收处
理服务，目前已经建立了一个全球性的废旧电脑管理中心，在 16 个国家和地区
为用户提供电脑设备的回收、翻新、销售、拆解和再生利用服务，见表 5-1。

表 5-1　IBM 提供回收服务的国家和地区

Table 5-1　The Countries or Regions where IBM Provide Take-back Services

商　用	民　用
加拿大	比利时
丹　麦	加拿大
芬　兰	法　国
德　国	德　国
意大利	荷　兰
日　本	挪　威
韩　国	瑞　士
荷　兰	中国台湾
瑞　典	英　国
瑞　士	美　国
英　国	
美　国	

资料来源：IBM Environment and Well-being Progress Report 2002.

IBM 的电脑回收服务每台收取 30 美元费用，用户可以将废弃不用的任何

品牌的电脑交给 IBM 的回收处理中心，然后由中心交给位于宾夕法尼亚州的一家大型电子废物再生处理企业 Envirocycle 进行回收处理工作，可以翻新重复使用的电脑则修复后捐献给一家慈善机构。

② Dell

商业机的企业用户占 DELL 用户的 50％～60％，1991 年 DELL 开始为美国的企业用户提供计算机回收的服务，分为两大类，一类是针对已经完全报废，无法修复使用的机器，DELL 提供按照美国固体废物管理法和环保局的要求，提供符合法定环境保护标准的回收处理服务；另一类是针对尚可修复使用的机器，DELL 在二手市场上提供修复和再销售的服务。目前 DELL 在欧洲的 6 个国家提供回收利用服务，并且已经开始准备按照欧盟 WEEE 条例的要求在整个欧洲实行回收和再生利用计划。

此外，Dell 还提供了一个选购二手电脑网站，通过建立一个虚拟的网络平台 Dell Exchange，为用户处理旧电脑提供多种途径，包括网上更换、拍卖、捐献整个系统及相关设备。Dell 未来打算建立一个针对普通消费者的废旧电脑回收处理项目，完全免费（包括运输费用）；并通过行动尝试向消费者传达有关电脑回收利用重要性的信息，帮助消费者建立正确的消费观念。

③ 惠普

惠普在美国、德国和澳大利亚都提供有偿的废旧电脑回收处理服务，回收项目包括自己生产的或其他厂商生产的电脑和外围设备，每件收费 13～34 美元。惠普也提供选购二手电脑的网站，出售一些翻新的旧电脑。完全报废的产品则送往当地的再生处理企业处理。惠普 1997 年在加州的罗思维尔建立了一家 PRS 工厂（与加拿大矿业公司 Noranda 的子公司——位于加州圣何塞的微天然金属公司联合建立），从而拥有自己的完善的回收利用设施。该工厂每月可处理 350 万～400 万磅废旧设备——包括膝上型电脑与台式电脑、服务器、打印机、显示器以及其他设备，其中即包括惠普企业自己使用的废旧办公设备，也包括来自惠普公司用户的废旧设备。

④ NEC

NEC 建立了自己的材料循环利用体系，根据 2001 年颁布实施的日本《推动资源有效利用法案》，NEC 为企业、政府等机构用户提供电脑回收处理服务，在全日本设立了 14 个回收中心，4 个处理工厂，并准备根据未来的立法要求，将服务范围扩展到一般民用电脑设备的回收处理业务中。

⑤ EPSON

EPSON 从 2001 年 12 月起在中国开展了对 EPSON 废旧耗材（墨盒、硒鼓、色带）的长期无偿回收活动。为此，EPSON 在全国设立了多家废旧耗材回收站，消费者可以就近将使用过的耗材投入回收箱，最后由 EPSON 集中后送交给环保局认可的固体废弃物处理中心进行处理。

⑥ 其他跨国公司

富士通公司 2000 年在德国已经实现了回收其销售的废弃电脑周边产品的 90％ 的目标。拆解下来的组件被销往中国，这一措施降低了其德国工厂的运营成本。苹果公司在德国、瑞典、挪威、荷兰和中国台湾等国家和地区也实行了回收计划。苹果、IBM 和惠普等计算机知名厂商还设计开发了易于拆解的产品，以提高废弃产品拆解的自动化程度。总体看来，跨国公司的回收处理措施主要还是遵从于当地的电子废物管理法律制度，如果中国创造合适的法制环境，可以有效激励跨国公司在中国采用与其在发达国家市场类似的回收处理解决方案。

（2）国内企业的行动

国内电子企业往往在走出国门开辟海外市场的过程中，才对电子废物管理的问题比较关注。其中家电企业海尔是一个典型的例子。据全球权威消费市场调查与分析机构 EUROMONITOR 最新调查结果显示，海尔集团目前在全球白色电器制造商中排名第五，其中海尔冰箱在全球冰箱品牌市场占有率中位居第一。2002 年，海尔实现全球营业额突破 720 亿元，其中海外营业额达到 10 亿美元。海尔集团目前拥有两个海外工业园和 13 个海外工厂。在海外市场，海尔产品已进入欧洲 15 家大连锁店的 12 家、美国 10 家大连锁店的 9 家。由于在海外市场上销售不得不面对不同国家的各种管制措施，海尔早在 2000 年就开始参与国内最早的废旧家电管理制度研究，与中国家电研究所合作，一方面，追踪了解发达国家电子废物管理制度的发展趋势；另一方面，在产品设计中研究开发使用绿色技术。

不过对于在国内电子废物管理中适用延伸生产者责任原则，一些企业认为主要的困难在于国内消费者的消费观念短期内难以转变。发达国家的立法出发点是利用消费者对环境保护的积极态度，激励生产者在生产和服务中采取对环境负责的态度，生产者产品和服务的环境保护属性对于维护企业公众形象和扩大产品市场都是有正面影响的。而国内消费者目前只对影响自身身体健康的环保属性比较关注。对于类似全面环境友好的废物回收处理付费的观念，显然短期内还难以接受。对此笔者认为，这正是国内生产者在传递环境保护信息和教育消费者方面应当承担的责任。

5.3.3　消费者

消费者是电子废物管理中的重要环节。由于生产者强调从中国消费者的收入水平来看，大型家电作为一种昂贵的消费品，废旧以后也是有价值的，一般不会轻易抛弃，怎么可能再为回收处理付费呢？这种观念短期内不可能迅速转变，所以推行生产者责任不太可能。也就是说，消费者的观念是中国在电子废物管理中推行延伸生产者责任的最大障碍。

研究者在 2002 年 12 月在北京一家大型家电销售市场——人民大学附近的大中电器城随机调查了 100 位普通市民，以验证这一推断。结果，62 人拒绝调查，接受调查的 38 人全部了解不恰当的电子废物处理问题会对环境造成污染，并且对要求生产者负责回收处理表示赞同，同时表示如果厂商对产品废弃后的回收处理采取负责任的态度，会使自己倾向于购买这种产品（其中 23 人表示有强烈倾向）；对于费用问题，受访者大多认为购买新产品时为此支付合理的费用是可以接受的。调查的详细内容见本书附件。

中国家电协会和广东电器研究所在 2001 年也做过类似的调查，由于调查资料不能共享，因此无法了解其具体方法和结论。不过从这些单位在媒体上披露的资料，以及访谈过程中了解到的信息，觉得他们的观点倾向于认为消费者的消费观念落后是一个重要的阻碍因素。由于他们进行的调查较早，那时国内有关电子废物问题的讨论影响还不广，得出这种结论是有道理的。但是据此推测国内消费者态度转变非常困难，恐怕比较保守。

由于 2002 年媒体对进口电子废物的环境污染问题做了大量的宣传报道，大大推进了中国消费者对这方面知识的了解。在研究者所做的随机调查中，所有接受调查的消费者均是通过电视或其他大众媒体了解到这方面知识的。也就是说，媒体的宣传报道对消费者的观念影响非常显著。并且通过媒体的大量宣传，消费者对于由生产者来负责回收电子废物的观念也接受得非常快。尽管笔者的调查有很大的局限性，仅仅代表了北京市的一部分消费者的态度，并且愿意接受调查的人员大多对这一问题有一定的认识和热情，但是从随机调查的整个比例来看，仍然可以证明消费者了解有关环境保护的信息对消费者的消费观念是会产生很大影响的。至于这种观念在消费者实际的消费行为中会产生什么样的作用，还需要实践的检验。而北京的调查结果是否在全国具有代表性这个问题，我认为，就消费而言，当前我国的电子废物问题主要还是存在于发达的城市地区，而且媒体宣传的受众基本上覆盖全国，因此，北京消费者的情况在所有存在处理废旧家电问题的消费者群体中还是有代表性的。

从这项调查中至少可以得出这样的结论，那就是消费者的观念转变并不是改革现有生产消费模式的主要障碍。事实上，中国城市消费者从商品短缺的年代走向商品相对过剩的年代仅仅用了不到 20 年的时间。大规模生产与大规模废弃的"生产—消费"模式很大程度上是在生产者不断扩大再生产的推动下形成的。从鼓励技术创新的角度看，限制生产者追逐利润的行为显然是不可行的，只有使其对自身行为的后果负有直接的责任，才能正面激励生产者关注符合环保目标的技术创新。

5.4 我国电子废物综合管理的制度框架

从前一章的分析中可以看出，我国现有的产业网络组织形态并不利于电子废物再生利用企业向规模化、专业化的方向发展。目前成熟的电子废弃物处理技术大多要求必须达到一定的处理规模才有市场可行性，企业的规模化和专业化是前提。废弃物处理的不同阶段包括产生、回收、分选、储藏、处理，以及投入再循环使用等诸多方面。各个阶段都有大量企业参与，彼此之间存在密切的竞争与协作。在目前我国电子废弃物回收利用比较发达的广东、浙江等地，这些企业之间的联系基本上是基于市场交易。而由于缺少有效的制度保障，大量企业和生产者在利益驱动的市场竞争下，倾向于将环境成本外部化。以环境问题最严重的线路板处理问题为例，不少分散的非法生产者采用作坊式的酸洗或直接燃烧方法提炼有色金属，不仅环境影响严重，而且大大降低了资源的回收质量和回收率。要促进关键处理环节达到规模化和专业化经营的目标，就必须采用综合管理手段，从生产和消费的源头着手。

　　建立我国的电子废物综合管理制度是激励厂商关注产品环境保护属性和再生利用问题的基本措施，其中除了借鉴西方发达国家的经验，还要关注我国电子废物问题的特殊性。图 5-1 反映了电子废物综合管理制度中，不同主体在废物处理不同阶段所承担的主要责任，及其相互关系，其中生产者居于中心地位。整个管理体系包含了四个方面的内容，其中延伸生产者责任原则主要关注前两个方面；而对于中国当前的状况而言，后两个方面，也就是提高再生处理企业的规模经济和技术水平，转变国内"生产—消费"的既定模式和发展轨迹更为迫切。

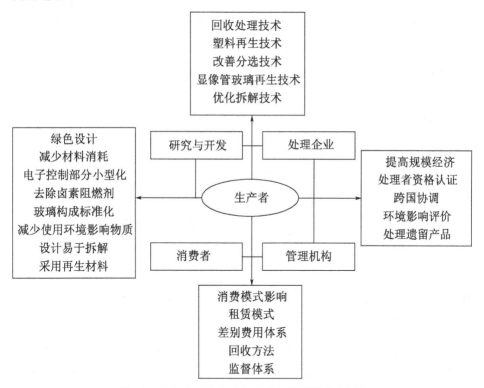

图 5-1　以生产者为中心的电子废物管理制度框架

Fig. 5-1　The Framework of E-waste Management Centered with the Producers

　　（1）促进采用绿色设计。生产者在这一阶段具有决定性的控制作用，生产者的决策可以影响产品的主要特性。设计者可以通过减少产品生产中的材料消耗，提高资源使用效率。由于电子废物处理中的环境污染主要来源于电子控制部分中所含的一些环境敏感物质，如重金属、卤素阻燃剂等，因此通过改进电子控制部分，使其功能更加集成化，电子控制元件自身小型化，从而减少这一部分与其他材料的混合，提高再生处理的效率。此外，去除塑料中使用的卤素阻燃剂；促进玻璃构成的标准化；减少生产过程中使用的其他环境影响物质；采用更加易于拆解的产品设计；促进生产过程中采用再生材料都是促进生产者采用绿色设计的内容。其中存在一些技术问题，如寻找目前产品中使用的环境敏感物质的替代物等，还需要生产者与研究开发机构合作解决。

（2）改进回收处理技术。回收处理行业需要不断地改进技术，才能跟上生产者的技术创新速度，这一过程中，生产者的密切合作是非常必要的。改进塑料的再生技术，提高再生塑料的品质，达到恢复原始利用方式的要求；改善分选技术，提高分选过程的自动化程度和分选的精度；开发显像管玻璃再生技术；优化拆解技术等。这些处理过程，都需要生产者提供准确的产品构成信息，帮助处理者选择和改善回收处理技术。通过延伸生产者责任，废物的回收处理过程可以通过生产厂商外包的形式交由合格的回收处理企业完成，从而使这种合作有可能进一步加强。在回收处理技术的改进中，还有不少技术问题的解决需要研究与开发机构的参与。

（3）提高规模经济。实现规模经济是回收处理活动获得经济可行性的重要条件之一，而这不是一两家企业能够决定的，需要通过合理的管理制度促进上下游企业的分工协作来实现。具体包括对处理者的技术水平进行资格认证，阻止不具备合格处理能力的企业进入回收处理行业；通过国际机构促进各国在管理废物跨国流动中的相互协调，使废物流动符合巴塞尔公约的要求；通过建立环境影响评价机制，对企业行为进行监控。随着越来越多的生产者承担起产品废弃后回收处理的责任，生产者通常会选择将回收处理工作外包给专业的处理者完成，因此生产者有责任考察处理者是否具备相应的技术水平。同时管理机构的介入是非常重要的，特别是跨越国界的合作不仅有利于监督和控制不负责任的有害废物转移行为，也可以促进合法的处理活动达到规模经济。

（4）改变消费模式。一方面，我们购买产品是为了使用它的功能。为此，我们并不需要拥有这个产品本身。通过租赁的方式，我们可以获得产品的使用功能，同时用完以后必须将产品归还给经营产品租赁服务的企业，由他们交还给生产者。如果我们能够意识到这一点，从而改变我们的消费习惯，产品的回收率自然可以大大提高。另一方面消费者的购买决策可以影响生产者的行为，通过生态标签以及其他信息沟通工具使消费者了解产品的环境影响状况和再生利用情况，有助于消费者发挥监督作用。此外，消费者改变传统的消费心理，积极参与绿色采购行动，增加使用再生材料生产的产品，可以为再生材料创造更为广阔的市场。由此可见，在以生产者为中心的废物管理框架内，生产者与消费者之间的互动是非常重要的。

图 5-2 反映了我国电子废物综合管理制度的一个政策框架，将推进循环经济产业联系和改变"生产—消费"模式作为"生产—消费"过程中不同阶段的政策目标。具体内容包括 5 个方面。

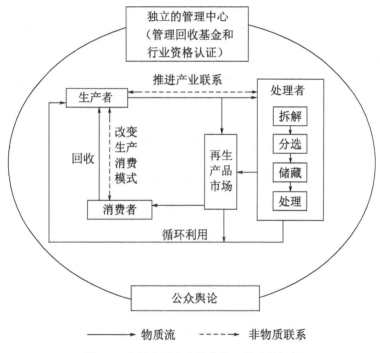

图 5-2　我国电子废物综合管理的政策框架

Fig. 5-2　The Framework of Policies for E-waste Management in China

5.4.1　基于延伸生产者责任原则的产品回收制度

首先，促进电子产品生产企业的环保技术创新和产业链上下游的协作。我国电子企业有两大类，一类是出口导向型的，以外资企业为主，特别是台资企业，主要为各大国际品牌企业从事 OEM 生产，这些企业对发达国家市场的各种进口限制和标准都非常关注，积极配合客户改进自身的技术和管理，以适应进口国市场的政策要求；另一类是立足国内市场的企业，其中既有国外品牌企业，也有国内大企业。近年来，一些国外品牌企业已经开始在母国以外按照企业自身的环境政策实施产品回收策略，如惠普、IBM、摩托罗拉等，大多数企业则依据所在国的环境保护要求制定相应的措施。而我国的国内企业在没有具体立法约束的情况下，大多并不关注废弃产品回收问题。因此，立法推动就成为促进电子产品生产企业积极参与的一项必要措施。

其次，扩大废物管理过程中的参与主体。发达国家自 19 世纪末发展起来的由市政公共支出负担城市废物处理责任的废物管理模式，主要是针对市场经济条件下废物处理缺少盈利，无法吸引私营部门参与的现实而形成的。但是随着工业化的发展，产品生产、消费过程与废物处理过程的分裂，成为废物问题不断恶化的一个重要根源，并导致废物管理体系向资本密集型的高成本模式演变，这就使得其中的很多具体做法直接引入发展中国家面临诸多障碍。而延伸生产者责任的原则，从本质上讲就是要改变城市废物管理责任由地方政府独立承担的现状，扩大废物管理过程中的责任分担主体。新中国成立以来，在计划经济体制下，曾一度建立起相当完备的国有废旧物资再生利用体系，但是这一体系在市场经济转轨过程中受到极大的冲击，代之而起的是大量私营中小企业进入这一产业领域，重新规范和提升再生资源产业需要考虑市场经济条件下的经济可行性，而单纯依靠政府补贴和政策优惠，很难达到预定的目标。延伸生产者责任可以加强生产者与回收处理企业之间的合作，无疑为再生资源产业的发展创造了更为多元化的经济激励手段。

最后，立法规定生产者需要承担的处理责任、经济责任和信息责任。如生产者和产品进口者需要承担电子废物的回收费用，将电子废物从城市普通固体废物中分离出来，为其建立特殊的处理设施和机构，制定电子废物的回收和再生循环目标和标准。生产者承担正确管理和处置其投放到中国市场上的电子产品的责任，并按照生产者的市场份额，承担立法以前已售出产品已经或将要产生的电子废物。生产者需要对电子废物可能产生的有害废物承担完全的清理责任，或者通过外包的形式将选择合格的处理企业承担这一工作。完善生产者与处理者的信息分享系统，使处理者充分了解电子产品的设计结构和物质组成，从而提高再生循环利用的效率和保护拆解工人免受有害物质的威胁。

5.4.2　在区域范围内推动生产者与处理者之间的产业联系

中国目前的电子废物再生利用体系有自己的独特性——主要由小规模、分散的乡镇企业参与回收、处理和再生利用。严格限制电子废物进口直接剥夺了这些企业的生存空间，以及当地主要的就业机会。强制生产者承担电子废物回收处理责任对于技术水平高的海外处理企业非常有利，而大量本土乡镇企业有可能因为无法达到法律规定的环保标准或处理的经济规模水平而在竞争中被淘汰。即使效仿中国台湾的做法，对于重新兴建的技术水平高的专业化处理企业给予特殊的优惠扶持，也不大可能有效改善大量现存的中小企业的生产状态，其结果要么是默认一些乡镇企业继续以传统的方式进行加工处理，要么使得这一部分企业向更贫困落后的地区转移。更好的办法是创造市场机制鼓励跨国公司转让电子废物拆解利用的技术，通过鼓励跨国公司与本地中小企业的合作，带动当地拆解企业的技术升级。这种技术转让可以通过将电子产品生产与电子废物的再生循环利用联系起来而实现，利用已有的类似生态工业园性质的电子生产综合体，将消费后的废物处理也纳入生产者的管理范围。

欧洲的比利时、意大利等国采用的区域性"生产者—处理者"联合体模式是一种不错的选择。将现有的从事进口电子加工处理的乡镇企业纳入区域性联合体中，使从事拆解处理的乡镇企业相对集中，由联合体负责组织电子废物的收集、内部分配和处理工作，联合体可以共享物流和环保基础设施，降低联合体内企业的经营成本。通过联合体监督企业依法进行回收处置，联合体可以帮助内部企业推广新技术，也可以通过制定技术标准规范，强制企业进行技术更新，从而降低分散企业的管理难度。这种联合体模式与目前国内一些地区倡导的"圈区"模式有相似性，主要差别在于联合体模式不特别强调实体工业园，而是一种虚拟的联合组织。

5.4.3　建立回收管理中心和反向物流网络

对于广大中小电子生产企业来说，需要成立专门的回收处理中心为其提供集体的回收处理服务。通过中心负责收集、管理和使用回收基金，资助回收活动和再生处理企业采用环保技术。回收管理中心可以是政府建立的半官方机构，负责收集、管理基金，也可以由商会和其他非政府组织成立的第三方机构来管理基金，决定如何资助再生利用和处理的项目。无论哪一种方式，关键是建立一种透明有效的管理机制，使得生产者和消费者相信所支付的回收处理费用能够得到妥善管理。

有必要建立一个独立的基于零售商网络的回收体系，保证电子废物与一般城市固体废物分离，同时减轻国内固体废物收集处理系统的压力。独立的体系可以简化电子废物回收的监控，充分利用现有的物流供应网络解决反向物流组织的问题。鼓励消费者将电子废物送到指定的回收点，目前可以采用赎买的方式，与二手电器市场联合收购消费者手中的废弃电子产品，或者在消费者购买电子产品时收取一定的押金，当废物送回时予以返还，从而鼓励消费者参与回收活动，并保证处理企业的处理物来源。

5.4.4 再生原料和产品的市场管理

通过制定强制标准规定生产企业在电子产品生产过程中使用再生材料的责任，可以扩大再生材料的市场，降低对原生材料的需求。国家为了鼓励再生资源行业的发展，自2001年起免除了废旧物资回收企业的增值税[216]。可是由于税收优惠仅仅局限于废旧物资回收一个环节，对于生产企业使用再生产品和对回收物资进行深加工不但没有优惠，反而需要补贴由于购买废料而产生的增值税进项税额，结果反而限制了生产企业使用再生材料的积极性[217]。

另外，单靠生产者扩大再生产品市场，作用还是有限的。重要的是为再生材料和产品创造更大的消费市场。尽管我国有很大的二手产品消费市场，但再生产品以二手商品的面目出现总给人质次价低的印象，并且经营者也大多不热衷于售后服务等方面的增值活动。改变消费者对产品重复使用和循环利用的观念，将是一个长期的过程。

5.4.5 改变生产消费模式

电子废物管理的目标从近期看，是要将电子废物从普通生活废物中分离出来，增加材料的循环利用率，降低处理过程中的环境污染问题；而从长期来看，真正的发展目标在于扭转现有的生产消费模式，建立可持续的循环经济发展模式。

事实上，消费者购买产品只是为了使用产品所提供的服务，从这个角度出发，消费者并不需要拥有产品本身，如果生产者在销售产品的时候，并不转移产品的所有权，而是以租赁的方式仅将产品的使用权销售给消费者，这样生产者承担产品废弃后的回收处理责任也就顺理成章了。当然这种观念的转变要为广大消费者所接受尚需时日。

随着办公自动化的迅速普及，政府和大型企业用户往往成为最大的电子废物制造者。为此，在大型机构中引入绿色采购制度，成为引导政府部门和大企业用户从大规模的废物制造者转变为再生材料消费者的重要措施。我国 2002 年颁布的政府采购法中对在政府采购中考虑环境保护只做了原则性的规定，但这也可以为未来建立更为详尽的绿色采购制度提供依据。政府和大企业的示范作用对于转变普通大众的消费观念将会产生巨大的影响力。

第6章 结 论

　　电子废物问题作为当前正在发展的全球性问题对我国有着特殊的影响。一方面，我国是全球电子废物转移的主要目的地之一，沿海进口电子废物加工处理活动活跃，由此带来的环境保护与地方经济发展的冲突非常突出；另一方面，我国电子制造业发展迅速，电子信息产品已经成为我国最大的工业出口产品，发达国家的电子废物管理制度将直接影响我国电子产品制造业的国际竞争力。我国电子废物管理制度需要兼顾保护环境、提升电子产业竞争力和促进再生资源产业发展三项目标。本书采用案例研究的方法，从工业地理的视角研究了电子废物管理制度与环境技术创新之间的联系与互动。主要结论如下。

　　（1）发展电子废物再生利用产业是我国当前电子产业发展的需要。我国沿海地区电子产业的空间集聚现象，与进口电子废物加工处理活动的空间集聚现象，体现了电子产业全球化过程的不同侧面。两者的空间集聚形态和动力机制都具有很强的相似性，这与政府对待两种活动孑然不同的态度与政策形成鲜明对比。将两者割裂开来讨论，不论对电子产业的结构转型，还是对电子废物再生利用产业的发展都是不利的。

　　（2）我国电子废物再生利用的产业化具有强大的现实基础。经济发展过程中对再生材料的市场需求，和再生资源行业的成本优势是我国电子废物再生利用产业发展的主要驱动因素。这在国内电子废物再生处理活动的空间分布格局和自发形成的区域分工中有着明显的体现。

　　（3）我国需要建立以生产者为中心的电子废物综合管理制度。要在不扩大公共支出和大范围改革现有管理体制的前提下，促进电子废物回收利用活动的产业化和正规化，就必须增加电子企业的参与度，从而在生产消费的源头及全

过程中促进废物减量和提高循环利用水平。建立相应的国内法律制度环境能有
效促进生产者参与相关的技术创新和管理制度改革。建立以生产者为中心的电
子废物综合管理制度的出发点是从根本上转变导致当前废物问题的"生产—消
费"模式。

（4）我国的电子废物管理制度可以借鉴发达国家的延伸生产者责任原则。
一方面，使国内的法制环境与国际接轨，有助于增强跨国公司与中国本土企业
的合作与联系；另一方面，使运用经济激励方式促进资源再生和循环利用产业
发展的措施能够得到强有力的制度保证。

（5）建立新的电子废物管理制度需要特别关注不同地区在经济转型中"自
下而上"的制度建构过程。中国的电子产业和再生资源行业都在较短的时间内
经历了急剧的市场化转型过程，这种转型过程一方面导致了原有正式的计划体
制内相关产业活动的联系被割断，同时也在体制之外逐渐自发地形成一系列非
正式的产业联系途径，并与正式的管理制度不断发生摩擦、碰撞，并寻求相互
妥协和认同。这一过程对于技术引进和制度移植的实际效果会产生重要影响。

本书的理论贡献在于：将传统工业地理研究主要关注消费前的生产阶段延
伸到消费后的废物回收和再生处理活动，并将工业地理有关制度与技术变迁的
地方影响因素的研究视角应用于废物回收和再生利用的产业活动分析之中。延
伸生产者责任的原则并不局限于电子废物管理，在产品包装、汽车等市场领域
也有广泛的应用。产品的生产者必须对此产品生产、消费，乃至消费以后的废
物处理过程承担更大的责任已经成为环境管制原则的一个重要发展趋势。生产
者的责任将不再局限于将产品输送到消费者手中的"动脉"过程，而且还将包
括将废弃产品回收处理，重新返回生产系统的"静脉"过程。因此，本书将废
物问题纳入工业地理学的研究视野，将消费前的生产阶段与消费后的废物回收
处理活动结合起来，对于废物问题的工业地理研究具有普遍意义。

本书在研究方法上主要采用访谈的形式，搜集了大量的定性资料，这种研
究方法借鉴了社会学的田野调查方法，对于研究缺少正规统计资料的领域很有
帮助。

基于本书所做的工作，提出以下几点作为未来的研究议题。

（1）在案例方面，可以进一步增加案例分析的深度和广度。例如，选择典
型区域结合我国电子废物管理制度的制定实施过程，详细研究当地电子企业与

回收利用企业合作的具体情况。或者将电子废物管理与其他适用延伸生产者责任原则的废物管理，如报废汽车的管理，进行对比研究，比较技术与制度变迁在不同产业部门中的相似之处与不同点。

（2）在政策方面，可以继续追踪我国电子废物管理制度的发展情况，研究政策在不同地区的执行情况的差异，以及对于不同类型企业的影响。

（3）在具体应用方面，可以将地理信息系统技术应用到回收体系的设计中，优化反向配送网络、储存场所和处理设施的空间布局与组织管理。

附录 1

2000 年 3 月到 2003 年 1 月在东莞、深圳、北京、宁波、上海、苏州和青岛访谈的电子与通信设备制造企业目录。

企业（单位）名称	访谈时间
石龙华冠电子有限公司	2000.2.29
东莞新科电子厂	2000.3.3
东莞台达电子有限公司	2000.3.6
东莞微峰电子厂	2000.3.6
东莞致力科技有限公司	2000.3.7
东莞金正电子科技有限公司	2000.3.13
普斯电子（中国）有限公司	2000.3.14
中国长城计算机集团公司	2001.2.21
北京北大方正电子有限公司	2001.3.2
中国大恒信息技术公司	2001.3.7
北京百脑汇资讯广场	2001.3.8
北京汉王科技集团	2001.3.15
英特尔（中国）有限公司	2001.3.26
北京奥柯马视美乐信息技术有限公司	2001.4.11

续　表

企业(单位)名称	访谈时间
联想电脑公司	2001.4.23
北京恒基伟业电子产品有限公司	2001.4.24
摩托罗拉(中国)电子有限公司	2001.4.28
太阳微系统(中国)有限公司	2001.4.29
太极计算机公司	2001.5.14
清华紫光股份有限公司	2001.5.15
清华同方股份有限公司	2001.5.15
海仪电子产品实验工厂	2001.12.7
威发电子有限公司	2001.12.10
波导通信设备股份有限公司	2002.5.17
晶品佳电子(深圳)有限公司	2002.7.12
深圳市资讯电脑配件有限公司	2002.7.15
中兴通信	2002.7.15
深圳好易通科技有限公司	2002.7.16
哈里斯通信(深圳)有限公司	2002.7.22
富士康企业集团	2002.7.22
苏州明基电通信息技术有限公司	2002.8.7
北京诺基亚通信有限公司	2002.12.15
海尔集团	2003.1.11

附录 2

2002 年 4—12 月调查的电子废物处理企业、进口第七类废物处理企业、金属回收加工企业和相关政府管理部门和非政府机构目录。

企业(单位)名称	访谈时间
中国有色金属工业协会再生金属分会	2002.4.26
国家经贸委资源节约与综合利用司	2002.5.7(电话访谈)
国家环保局污染控制司固体废物及化学品管理司	2002.5.8
北京市工业有害废物管理中心	2002.5.14
信息产业部经济体制改革与经济运行司体制改革与市场处	2002.5.16
宁波镇海再生资源利用工业园	2002.5.20
宁波市垃圾焚烧发电厂	2002.5.20
香豪莱宝金属有限公司	2002.5.21
台州长青金属加工有限公司	2002.5.22
路桥浙江省物资调配市场	2002.5.23
宁波市金田铜业(集团)股份有限公司	2002.5.24
宁波市化工总公司	2002.5.25
慈溪桥头镇废旧塑料市场	2002.5.26
宁波物资再生有限公司	2002.5.28
宁波兴业集团	2002.5.30
上海现代金属有限公司	2002.6.2
上海新格金属有限公司	2002.6.3
广东家用电器研究所	2002.7.27
上海伟诚环保技术有限公司	2002.7.30
中国家用电器研究所	2002.12.15

附录 3

本研究在 2002 年 9—12 月，通过互联网对海外的电子废物处理企业进行了一项在线调查，主要验证电子废物处理企业进行海外投资时的主要考虑因素以及投资业务的偏好。

一、调查企业来源和构成

调查企业电子邮件列表主要来自一些专业网站或研究报告：

(1) Internatinal Association of Electronics Recycler

(2) Recycler's world-Computer & Telecommunications Recycling Section

(3) Integrated Waste Management Board-Electronic Product Management Directory

(4) Recycling Today-Electronics Recyclers

(5) Computer recycling-Overseas Recycling Operations List，by Emma Robertson

(6) Electronics Reuse and Recycling Directory，US EPA，EPA530-B-97-001，March 1997

调查在 9 月和 10 月搜集筛选调查企业，总共获得 88 个有效的电子废物再生处理企业的网址或电子邮件地址，其中不包括以翻新和销售二手设备为主要业务的企业。由于仅限于英文搜索，处理企业目录中以英语国家为主，其中美国 61 家，英国 16 家，加拿大 4 家，澳大利亚 4 家，新加坡 2 家，爱尔兰 1 家。

二、调查方法

考虑到网络调查对象的耐心限度，本研究设计了一份 5 分钟内可以完成的简单问卷。调查 11 月 4 日发出第一轮问卷，11 月 8 日和 14 日先后两次发邮件提示企业回复。总共收到 9 个回复，恢复率 10％。回复企业中英国 2 家，美国 7 家。

三、问卷内容

A SURVEY
EXAMINING INVESTMENT INTEREST ON COMPUTER
RECYCLING OVERSEAS

This survey is conducted by College of Environmental Sciences of Peking University in Beijing, China. We learn from your firm's website that you are currently doing computer recycling businesses. The object of this project is to gather information of your firm's interest on investing in computer recycling industry overseas. The results of this survey and data will be made available for public use in the aggregate form without individual identifiers. Your response will be treated as confidential. Meanwhile, if desired, a statistical summary of the survey pertaining to your institution will be sent to you.

If you would like to receive a complimentary statistical summary, please check here _____ .

DIRECTIONS: This questionnaire seeks the views of those investment decision makers who are in charge of business exploitation in firms. You have been selected to report on the experience of your firm. The questionnaire will take about five minutes to complete. EVEN IF YOU ARE UNABLE TO COMPLETE ALL ITEMS, WE STILL WOULD LIKE YOU TO RETURN THE QUESTIONNAIRE TO US. Your response will be appreciated very much and treated as confidential.

1. Please complete following information on you and your company.

   Your current title: _____

   How many years at the present company? _____

   Name of your company: _____

   How many years have your company been in computer recycling businesses?

   _____

   What kind of services does your company provide? _____

What is your company's major sources of businesses (outsourcing from producers or OEM manufactures, government collection projects,…)?

_____

2. Does your company outsource some of the recycling businesses overseas?

_____

What kind of collaboration will your company prefer?

a) Recycled material export. （　　）

b) Recycling technology export. （　　）

c) Establishing wholly owned processing branches overseas. （　　）

d) Establishing joint ventures with local processing firms. （　　）

3. What are the main reasons of your company to outsource some of the business overseas? Please mark the primary one with "V".

a) Labor cost. （　　）

b) Restrict domestic regulations on waste disposition. （　　）

c) Overseas local market demands on recycled materials. （　　）

4. What kind of business will you be interested overseas?

a) Outsourcing the disassembly processes to branches overseas. （　　）

b) Establishing recycling facilities for businesses with overseas computer manufacturers. （　　）

c) Establishing the full range recycling projects for overseas local used computer. （　　）

5. Did you company have any business relations with China? What do you think of the recent ban on imports of used computer as well as other e-waste by the government?

Thank you very much for filling out this questionnaire!

四、调查结果

反馈的企业中有 7 家在海外有分支机构，但是只有 1 家与中国有间接的贸易关系。

反馈企业最关心的是当地对再生材料的市场需求（8），其次是劳动力成本

（3），而对较为宽松的环境保护制度关心程度最低（0）。

反馈企业最倾向的合作方式是建立合资企业（7），其次是出口再生材料和技术（5），最后是设立独资企业（0）。

反馈企业感兴趣的业务是与电子产品制造商合作（9），其次是为当地消费产生的电子废物提供回收处理服务（5），最后是外包手工拆解环节（1）。

五、结果分析

调查回收问卷数量有限，无法做出全面的评价。不过，企业做出反馈至少反映其对在华投资有一定的兴趣。从反馈企业提供的信息来看，当地的再生材料市场需求是首要考虑因素。此外，企业对与国内的电子产品（计算机）制造商合作最有兴趣。

遗憾的是反馈企业中没有一家与中国有直接业务联系，可能是受到媒体负面报道的影响，一些被披露在中国有较大规模拆解处理业务的企业，如 Tung Tai，Pan Pacific Recycling 等都没有反馈。

附录 4

本研究于 2002 年 12 月 26 日，在北京市中大电器城随机访问了 100 名消费者，以检验消费者对电子废物管理的态度。

一、问卷内容

消费者调查问卷

您好，这是北京大学环境学院所做的一项有关消费者对电子废物管理的态度的抽样调查，请您就您家庭的情况回答以下问题。

1. 您的家庭是否拥有过打算处理的废弃家用电器或数码产品？如果有，是＿＿＿＿＿＿（可多选）。

（1）电视 （2）冰箱 （3）洗衣机 （4）空调 （5）电脑 （6）其他小家电

2. 您通常如何处理这些废旧家用电器？＿＿＿＿＿＿

（1）卖给收旧货的小贩 （2）作为二手货出售 （3）送人 （4）丢弃 （5）其他

3. 您了解不恰当的废旧电器处理方式会对环境造成污染吗？＿＿＿＿＿＿

4. 您是通过何种渠道了解的？＿＿＿＿＿＿

5. 您是否认为家用电器的生产者应该为废旧电器的回收处理负责？＿＿＿＿＿

6. 如果您了解到某家厂商对自己销售的产品废弃以后采取较为负责的回收处理方法，您是否会更加倾向于选购该厂商生产的产品？＿＿＿＿＿＿

（1）强烈倾向 （2）有所倾向 （3）无所谓 （4）降低购买倾向

7. 如果在购买新电器时告知需要预付一定数量的回收处理费用，您是否能够接受？＿＿＿＿＿＿

8. 您认为哪种回收方式比较方便合理？＿＿＿＿＿＿

（1）在社区内设立专门的废旧家电回收点

（2）在电器销售点回收

（3）生产厂家举行不定期的废旧电器回收活动

非常感谢您的合作！

2002 年 12 月

二、调查结果

100 名消费者中有 62 名拒绝接受调查，另外 38 名回答了上述问卷。

38 名消费者家中均曾拥有需要处置的废旧家电（含需要处置但尚未处置的），其中电视机（35），洗衣机（30），电冰箱（28），其他（15）。

消费者处理废旧电器的方式，送人（28），丢弃（10），卖给收旧货的小贩（8），一人提出希望能够维修后继续使用。

38 名消费者均了解不恰当地处置废旧电器会对环境造成污染，均通过电视或其他大中媒体获得这一知识。

38 名消费者均赞同由生产厂商负责回收废弃的家用电器产品，表示如果某家厂商对自己销售的产品废弃以后采取较为负责的回收处理方法，会更加倾向于选购该厂商生产的产品，其中非常倾向（23），有所倾向（15）。

38 名消费者均表示如果在购买新产品时告知产品价格中包含一定的废物回收处理费用是可以接受的。

对于回收方式，最受欢迎的是社区定点回收（38），其次是销售点回收（11），对厂商不定期举办回收活动不太能理解（0）。

三、结果分析

这项调查是在媒体广泛报道电子废物问题，特别对进口电子废物处理中的环境污染予以广泛报道后进行的，反映了媒体调查对消费者观念的影响。

调查中参与回答问卷的消费者可以看作对环境保护问题比较关注的群体，而拒绝参与调查的消费者的态度就不得而知了。

调查只能部分地反映北京市的情况，由于研究条件有限，区域性的比较无法进行。

附录 5

各国（地区）电子电机产品延伸生产者责任制的特点

	日 本	荷 兰	瑞 典	欧 盟	中国台湾	美 国
颁布时间	1998 年 6 月 5 日	1998 年 4 月 21 日颁布并部分实施[1]	1998 年送交欧盟成员国审阅，一年后通过	2002 年 11 月 23 日欧盟议会通过	1997 年 7 月 5 日修订废物清理法，规定了电子废物回收处理的厂商责任	2000 年环保局启动产品全程服务自愿项目
执行时间	2001 年 4 月 1 日	1999 年 1 月 1 日和 2000 年 1 月 1 日	2000 年 1 月 1 日	2006 年 1 月 1 日	1998 年 6 月	不排除今后采用全国性的强制立法
立法驱动因素	最终垃圾处理能力不足迫切需要垃圾减量 需要提高资源使用效率	一些白色和黑色家电在荷兰国家环境政策规划中被列为优先处理的废物 垃圾焚烧炉灰烬中的重金属污染	合理处置电子废物中的有害物质 提高资源使用效率	电子废物高速增长，其中含有有害物质和可再生资源 需要协调不同成员国的立法实践，避免市场扭曲	减少废物 提高资源使用效率	减少废物 控制废物中的有害物质
目标及优先性 (A) 鼓励废物循环利用 (B) 废物减量 (C) 鼓励环保设计 (D) 降低有害物质威胁	1 (A) 和 (B) 2 (C)	1 (A)(C)(D)	1 (C)(D) 2 (A)(B)	1 (B) 2 (A) 3 (D) 此外，协调国家间立法	1 (A)(B)	1 (C)(D) 2 (A)(B)

续　表

	日　本	荷　兰	瑞　典	欧　盟	中国台湾	美　国
制度类型(自愿、协议、强制)	强制	强制	强制	强制	强制	自愿
范围	4 种家用电器：电视机、空调、洗衣机和冰箱	白色和黑色家电：所有家用电子电机产品和办公设备类别下的产品[2]	所有电子产品[3] 除了冰箱和制冷机[4]、建筑安装的设备、汽车配件和已有其他法规涉及的电池	所有电子产品[5]	大型家电和IT 产品：电视机、洗衣机、电冰箱和空调，以及电脑的主机板、硬盘、电源、机箱、显示器和笔记本	所有电子产品
回收目标	以产品类别分别为重量的 50%～60% 回收＝重复使用＋材料再生＋能量利用 材料再生必须保证能够满足后续使用	各种产品最低的重复使用率为重量的 45% 到 75%，并且生产者或进口者递交的产品责任声明中作为比较项目 重复使用＝材料重复使用＋配件重复使用＋材料再生＋能量利用	无规定	回收目标为每人每年 4kg 不同产品[6] 重复使用率为重量的 70%～90% 循环利用率＝回收废物中没有进入最终垃圾处理的重量/处理者收到的废物的总重量	冰箱、空调80%，洗衣机、电视机60%（按重量） 循环利用率＝电子废物处理后可再利用物料重量/处理的电子废物总重量	无规定
其他强制要求	强制回收利用或处理冰箱使用的制冷剂 CFC、HCFC 和 HFC	禁止将废弃冰箱和制冷机用于商业用途 合理处理"电池处理法"中未囊括的，作为电子产品组成部分一同回收的电池	回收物必须由具备处理资格的机构处理后才能送往填埋场或焚化炉	除了部分技术限制的原因禁止使用铅、镉、汞、六价铬及 PBB 和 PBDE 阻燃剂 标志的塑料构件要超过重量的 50% 新产品需要增加欧盟的新标志	不得将未处理的电子废物焚烧、填埋	无规定

	日　本	荷　兰	瑞　典	欧　盟	中国台湾	美　国
立法前原有的回收处理基础设施[7]	收集:地方政府依据废物管理法负责,但80%已经转移给零售商负责回收 厂商回收:本法涉及的四种产品没有规定 再生处理:地方政府和废物处理企业负责铁、铜和铝的再生利用,有一些处理厂做深加工 相当数量废物出口,具体数字不明	收集:地方政府负责,零售商提供部分大型电器的回收服务 许多废弃电子产品进入维修企业 再生处理:一些办公设备由制造商负责处理 地方政府处理了大部分CFC和HCFC,剩下的大多出口	收集:地方政府已经设立了专门的电子废物回收点,与处理企业订立合约在当地设立工厂。瑞典IT企业组织建立了自己的回收服务机构,处理费用由客户支付。一些大的IT企业为自己的客户提供相应服务	各成员国的立法、回收和循环利用现状各不相同	收集:零售企业和专门的回收点 处理:传统处理者不能获得政府补贴,政府授权A级资质的7家处理机构可以享受政府补贴	电子产业协会组织制造商和进口商进行回收处理试验,以验证最佳回收方式
资金机制	消费者在产品废弃处理时支付回收、处理费用 制造商和进口商事先宣布自己产品回收处理的成本 设计了多种收费方式,包括制造商发行一种粘贴标志[8]	零售商在消费者购买新产品时免费回收旧产品 制造商和进口商事先声明自己的收费机制,获得政府批准 操作中,IT产品的回收处理费包含在产品价格中,而家电产品的回收处理成本在购置费中单列出来	大型用户根据环境保护要求直接将废物回收业务外包给处理企业 手工拆解和稀有金属提炼由处理企业承担 冰箱和制冷机由地方政府单独处理 制造商、进口商和零售商在用户购买新产品时免费收回淘汰产品 成本分担机制还未建立	打算建立私人消费产品免费回收的机制 制造商和进口商承担回收处理成本	中国台湾环保局创办“废旧电器再利用和管理基金会,和资源回收基金管理委员会”。家用电器制造商、进口商和销售商必须按照环保局批准的比例,向资源回收管理基金委员会缴纳再利用处理与处置费,用于支付实际的再利用处理费、再生补助金及其他与再利用和资源回收有关的用途	无规定

续 表

	日 本	荷 兰	瑞 典	欧 盟	中国台湾	美 国
历史遗留产品问题	包含在立法管理范围中 制造商和进口商负责回收处理他们过去生产或进口的产品 为已经没有生产者的产品设立专门机构负责	包含在立法管理范围中 2005 年以前,制造商和进口商销售新产品的时候必须回收任何牌子的废旧产品 生产者对地方政府回收的自己品牌的产品负责 2005 年以后生产者只负责回收自己品牌的产品 生产者现在退出荷兰市场必须向政府保证回收处理市场上现有其品牌的产品	包含在立法管理范围中 制造商、进口商和零售商在出售新产品时回收旧产品 出售二手产品的时候生产者只对以前没有在瑞典出售过的产品负责	没有规定[9]	包含在立法管理范围内,制造、进口商和零售商在销售新产品的时候回收旧产品	无规定
监督办法	明示系统:零售商必须向用户提供特定的收据,用户可以查询回收产品是如何处理的 相关政府机构可以要求制造商、进口商和零售商汇报执法情况	制造商、进口商必须事先报告其履行回收处理义务的办法及费用机制 制造商和进口商必须监督自己职责的完成情况并提交年度报告	制造商、进口商和零售商必须向国家环境保护局提供自己履行义务情况的信息	各成员国在法案正式实施以前向欧盟汇报条例运行的情况	—	无规定
处罚措施	罚款最高可达 50 万日元	个人罚款最高可达 13750 欧元,法人可达 55000 欧元,违法者最高可判入狱 2 年	罚款	没有规定		无规定

续　表

	日　本	荷　兰	瑞　典	欧　盟	中国台湾	美　国
潜在问题	非法抛弃电子废物出口 缺少再生材料市场需求	历史遗留产品的处理只延续到 2005 年 比欧盟指令订立的标准高 违反建立零售商的价格明示体系的要求 固定费用阻碍了竞争	以旧换新制度无法激励生产者采用环保设计	产业界实现强制目标比较困难 产品覆盖面太广可能降低回收系统的效率	—	依靠自愿原则，对生产者的约束力较弱

注：（1）不同种类的产品执行日期不同，已经正式执行强制回收的产品包括大型家电和 IT 设备（冰箱和制冷设备、洗衣机和烘干设备、各种加热食物的厨房电器、各种视频接收设备、计算机、打印机和通信设备），其他产品（电取暖设备、热水器、音响、电子收费设备、电动厨房用具、电动工具和其他家电设备）2000 年 1 月 1 日起必须依法回收处理。

（2）根据荷兰的法律，产品类别包括冰箱和制冷机、加热设备、热水器、洗衣机和烘干机、电热厨具、音响、视频接收设备、计算机、打印机、通信设备、电子收费设备、厨房电器、电动工具、其他家电设备。政府管理办法中还会详细定义具体产品。

（3）瑞典法令规定的电子产品包括家庭或类似使用的电子产品，小型工具和园艺设备、IT 设备和办公设备、通信设备、电视机、视听设备、照相机及摄影设备、电子钟、游戏机、灯及其附属设备、医用电子设备、试验设备，其他带有电子电机装置的辅助设备。法案中列出了具体的产品目录。

（4）瑞典地方政府有足够能力处理冰箱和制冷机，因而未将其列入生产者负责回收处理的范围。

（5）欧盟指令涉及的电子产品包括：大型家电、小型家电、IT 产品、通信产品、收音机、电视机、电声乐器、照明设备、医用设备、监控设备、玩具、电动工具和自动售货机。指令中包含了具体产品目录。

（6）定有具体回收目标的产品种类包括：大型家电、小型家电、收音机、电视机、电声乐器、玩具、电动工具、包含 CRT 的电子设备和充气灯。

（7）法律执行以前已有的基础设施对于规划未来立法制度下的回收体系具有重要意义。

（8）这种方法规定生产者发行一种粘贴标志，标明生产者回收处理该产品的成本费用，零售店在出售相应产品的时候可以附带销售这种粘贴标志。消费者可以同时购买这种标志，废弃时连同产品一起交给地方政府设立的回收机构或零售商，否则就要在废弃时支付回收处理费。出售粘贴标志的费用直接返还给制造商和进口商，减少了费用传递的麻烦。

（9）欧盟条例第二稿草案中还有相关规定，"本条例覆盖附录 IA 中所有电子产品，不论产品何时投入市场"，但是到第三稿，后半句就被删掉了。

资料来源：OECD，2001.

附录 6

电子信息产品污染控制管理办法

第一章 总 则

第一条 为控制和减少电子信息产品废弃后对环境造成的污染，促进生产和销售低污染电子信息产品，保护环境和人体健康，根据《中华人民共和国清洁生产促进法》、《中华人民共和国固体废物污染环境防治法》等法律、行政法规，制定本办法。

第二条 在中华人民共和国境内生产、销售和进口电子信息产品过程中控制和减少电子信息产品对环境造成污染及产生其他公害，适用本办法。但是，出口产品的生产除外。

第三条 本办法下列术语的含义是：

（一）电子信息产品，是指采用电子信息技术制造的电子雷达产品、电子通信产品、广播电视产品、计算机产品、家用电子产品、电子测量仪器产品、电子专用产品、电子元器件产品、电子应用产品、电子材料产品等产品及其配件。

（二）电子信息产品污染，是指电子信息产品中含有有毒、有害物质或元素，或者电子信息产品中含有的有毒、有害物质或元素超过国家标准或行业标准，对环境、资源以及人类身体生命健康以及财产安全造成破坏、损害、浪费或其他不良影响。

（三）电子信息产品污染控制，是指为减少或消除电子信息产品中含有的有毒、有害物质或元素而采取的下列措施：

1. 设计、生产过程中，改变研究设计方案、调整工艺流程、更换使用材料、革新制造方式等技术措施；

2. 设计、生产、销售以及进口过程中，标注有毒、有害物质或元素名称及其含量，标注电子信息产品环保使用期限等措施；

3. 销售过程中，严格进货渠道，拒绝销售不符合电子信息产品有毒、有害物质或元素控制国家标准或行业标准的电子信息产品等；

4. 禁止进口不符合电子信息产品有毒、有害物质或元素控制国家标准或行业标准的电子信息产品；

5. 本办法规定的其他污染控制措施。

（四）有毒、有害物质或元素，是指电子信息产品中含有的下列物质或元素：

1. 铅；

2. 汞；

3. 镉；

4. 六价铬；

5. 多溴联苯（PBB）；

6. 多溴二苯醚（PBDE）；

7. 国家规定的其他有毒、有害物质或元素。

（五）电子信息产品环保使用期限，是指电子信息产品中含有的有毒、有害物质或元素不会发生外泄或突变，电子信息产品用户使用该电子信息产品不会对环境造成严重污染或对其人身、财产造成严重损害的期限。

第四条　中华人民共和国信息产业部（以下简称"信息产业部"）、中华人民共和国国家发展和改革委员会（以下简称"发展改革委"）、中华人民共和国商务部（以下简称"商务部"）、中华人民共和国海关总署（以下简称"海关总署"）、国家工商行政管理总局（以下简称"工商总局"）、国家质量监督检验检疫总局（以下简称"质检总局"）、国家环境保护总局（以下简称"环保总局"），在各自的职责范围内对电子信息产品的污染控制进行管理和监督。必要时上述有关主管部门建立工作协调机制，解决电子信息产品污染控制工作重大事项及问题。

第五条　信息产业部商国务院有关主管部门制定有利于电子信息产品污染控制的措施。

信息产业部和国务院有关主管部门在各自的职责范围内推广电子信息产品污染控制和资源综合利用等技术，鼓励、支持电子信息产品污染控制的科学研究、技术开发和国际合作，落实电子信息产品污染控制的有关规定。

第六条　信息产业部对积极开发、研制新型环保电子信息产品的组织和个人，可以给予一定的支持。

第七条　省、自治区、直辖市信息产业，发展改革，商务，海关，工商，质检，环保等主管部门在各自的职责范围内，对电子信息产品的生产、销售、进口的污染控制实施监督管理。必要时上述有关部门建立地区电子信息产品污染控制工作协调机制，统一协调，分工负责。

第八条　省、自治区、直辖市信息产业主管部门对在电子信息产品污染控制工作以及相关活动中做出显著成绩的组织和个人，可以给予表彰和奖励。

第二章　电子信息产品污染控制

第九条　电子信息产品设计者在设计电子信息产品时，应当符合电子信息产品有毒、有害物质或元素控制国家标准或行业标准，在满足工艺要求的前提下，采用无毒、无害或低毒、低害、易于降解、便于回收利用的方案。

第十条　电子信息产品生产者在生产或制造电子信息产品时，应当符合电子信息产品有毒、有害物质或元素控制国家标准或行业标准，采用资源利用率高、易回收处理、有利于环保的材料、技术和工艺。

第十一条　电子信息产品的环保使用期限由电子信息产品的生产者或进口者自行确定。电子信息产品生产者或进口者应当在其生产或进口的电子信息产品上标注环保使用期限，由于产品体积或功能的限制不能在产品上标注的，应当在产品说明书中注明。

前款规定的标注样式和方式由信息产业部商国务院有关主管部门统一规定，标注的样式和方式应当符合电子信息产品有毒、有害物质或元素控制国家标准或行业标准。

相关行业组织可根据技术发展水平，制定相关电子信息产品环保使用期限的指导意见。

第十二条　信息产业部鼓励相关行业组织将制定的电子信息产品环保使用期限的指导意见报送信息产业部。

第十三条　电子信息产品生产者、进口者应当对其投放市场的电子信息产品中含有的有毒、有害物质或元素进行标注，标明有毒、有害物质或元素的名称、含量、所在部件及其可否回收利用等；由于产品体积或功能的限制不能在产品上标注的，应当在产品说明书中注明。

前款规定的标注样式和方式由信息产业部商国务院有关主管部门统一规定，标注的样式和方式应当符合电子信息产品有毒、有害物质或元素控制国家标准或行业标准。

第十四条　电子信息产品生产者、进口者制作并使用电子信息产品包装物时，应当依据电子信息产品有毒、有害物质或元素控制国家标准或行业标准，采用无毒、无害、易降解和便于回收利用的材料。

电子信息产品生产者、进口者应当在其生产或进口的电子信息产品包装物上，标注包装物材料名称；由于体积和外表面的限制不能标注的，应当在产品说明书中注明。

前款规定的标注样式和方式由信息产业部商国务院有关主管部门统一规定，标注的样式和方式应当符合电子信息产品有毒、有害物质或元素控制国家标准或行业标准。

第十五条　电子信息产品销售者应当严格进货渠道，不得销售不符合电子信息产品有毒、有害物质或元素控制国家标准或行业标准的电子信息产品。

第十六条　进口的电子信息产品，应当符合电子信息产品有毒、有害物质或元素控制国家标准或行业标准。

第十七条　信息产业部商环保总局制定电子信息产品有毒、有害物质或元素控制行业标准。

信息产业部商国家标准化管理委员会起草电子信息产品有毒、有害物质或元素控制国家标准。

第十八条　信息产业部商发展改革委、商务部、海关总署、工商总局、质检总局、环保总局编制、调整电子信息产品污染控制重点管理目录。

电子信息产品污染控制重点管理目录由电子信息产品类目、限制使用的有毒、有害物质或元素种类及其限制使用期限组成，并根据实际情况和科学技术发展水平的要求进行逐年调整。

第十九条　国家认证认可监督管理委员会依法对纳入电子信息产品污染控制重点管理目录的电子信息产品实施强制性产品认证管理。

出入境检验检疫机构依法对进口的电子信息产品实施口岸验证和到货检验。海关凭出入境检验检疫机构签发的《入境货物通关单》办理验放手续。

第二十条　纳入电子信息产品污染控制重点管理目录的电子信息产品，除应当符合本办法有关电子信息产品污染控制的规定以外，还应当符合电子信息产品污染控制重点管理目录中规定的重点污染控制要求。

未列入电子信息产品污染控制重点管理目录中的电子信息产品，应当符合本办法有关电子信息产品污染控制的其他规定。

第二十一条　信息产业部商发展改革委、商务部、海关总署、工商总局、质检总局、环保总局，根据产业发展的实际状况，发布被列入电子信息产品污染控制重点管理目录的电子信息产品中不得含有有毒、有害物质或元素的实施期限。

第三章　罚　则

第二十二条　违反本办法，有下列情形之一的，由海关、工商、质检、环保等部门在各自的职责范围内依法予以处罚：

（一）电子信息产品生产者违反本办法第十条的规定，所采用的材料、技术和工艺不符合电子信息产品有毒、有害物质或元素控制国家标准或行业标准的；

（二）电子信息产品生产者和进口者违反本办法第十四条第一款的规定，制作或使用的电子信息产品包装物不符合电子信息产品有毒、有害物质或元素控制国家标准或行业标准的；

（三）电子信息产品销售者违反本办法第十五条的规定，销售不符合电子信息产品有毒、有害物质或元素控制国家标准或行业标准的电子信息产品的；

（四）电子信息产品进口者违反本办法第十六条的规定，进口的电子信息产品不符合电子信息产品有毒、有害物质或元素控制国家标准或行业标准的；

（五）电子信息产品生产者、销售者以及进口者违反本办法第二十一条的规定，自列入电子信息产品污染控制重点管理目录的电子信息产品不得含有有毒、有害物质或元素的实施期限之日起，生产、销售或进口有毒、有害物质或元素含量值超过电子信息产品有毒、有害物质或元素控制国家标准或行业标准的电子信息产品的；

（六）电子信息产品进口者违反本办法进口管理规定进口电子信息产品的。

第二十三条　违反本办法的规定，有下列情形之一的，由工商、质检、环保等部门在各自的职责范围内依法予以处罚：

（一）电子信息产品生产者或进口者违反本办法第十一条的规定，未以明示的方式标注电子信息产品环保使用期限的；

（二）电子信息产品生产者或进口者违反本办法第十三条的规定，未以明示的方式标注电子信息产品有毒、有害物质或元素的名称、含量、所在部件及其可否回收利用的；

（三）电子信息产品生产者或进口者违反本办法第十四条第二款的规定，未以明示的方式标注电子信息产品包装物材料成分的。

第二十四条　政府工作人员滥用职权，徇私舞弊，纵容、包庇违反本办法规定的行为的，或者帮助违反本办法规定的当事人逃避查处的，依法给予行政处分。

第四章　附　　则

第二十五条　任何组织和个人都可以向信息产业部或者省、自治区、直辖市信息产业主管部门对造成电子信息产品污染的设计者、生产者、进口者以及销售者进行举报。

第二十六条　本办法由信息产业部商发展改革委、商务部、海关总署、工商总局、质检总局、环保总局解释。

第二十七条　本办法自 2007 年 3 月 1 日起施行。

附录 7

废弃电器电子产品回收处理管理条例

第一章　总　则

第一条　为了规范废弃电器电子产品的回收处理活动，促进资源综合利用和循环经济发展，保护环境，保障人体健康，根据《中华人民共和国清洁生产促进法》和《中华人民共和国固体废物污染环境防治法》的有关规定，制定本条例。

第二条　本条例所称废弃电器电子产品的处理活动，是指将废弃电器电子产品进行拆解，从中提取物质作为原材料或者燃料，用改变废弃电器电子产品物理、化学特性的方法减少已产生的废弃电器电子产品数量，减少或者消除其危害成分，以及将其最终置于符合环境保护要求的填埋场的活动，不包括产品维修、翻新以及经维修、翻新后作为旧货再使用的活动。

第三条　列入《废弃电器电子产品处理目录》（以下简称《目录》）的废弃电器电子产品的回收处理及相关活动，适用本条例。

国务院资源综合利用主管部门会同国务院环境保护、工业信息产业等主管部门制订和调整《目录》，报国务院批准后实施。

第四条　国务院环境保护主管部门会同国务院资源综合利用、工业信息产业主管部门负责组织拟订废弃电器电子产品回收处理的政策措施并协调实施，负责废弃电器电子产品处理的监督管理工作。国务院商务主管部门负责废弃电器电子产品回收的管理工作。国务院财政、工商、质量监督、税务、海关等主管部门在各自职责范围内负责相关管理工作。

第五条 国家对废弃电器电子产品实行多渠道回收和集中处理制度。

第六条 国家对废弃电器电子产品处理实行资格许可制度。设区的市级人民政府环境保护主管部门审批废弃电器电子产品处理企业（以下简称处理企业）资格。

第七条 国家建立废弃电器电子产品处理基金，用于废弃电器电子产品回收处理费用的补贴。电器电子产品生产者、进口电器电子产品的收货人或者其代理人应当按照规定履行废弃电器电子产品处理基金的缴纳义务。

废弃电器电子产品处理基金应当纳入预算管理，其征收、使用、管理的具体办法由国务院财政部门会同国务院环境保护、资源综合利用、工业信息产业主管部门制订，报国务院批准后施行。

制订废弃电器电子产品处理基金的征收标准和补贴标准，应当充分听取电器电子产品生产企业、处理企业、有关行业协会及专家的意见。

第八条 国家鼓励和支持废弃电器电子产品处理的科学研究、技术开发、相关技术标准的研究以及新技术、新工艺、新设备的示范、推广和应用。

第九条 属于国家禁止进口的废弃电器电子产品，不得进口。

第二章 相关方责任

第十条 电器电子产品生产者、进口电器电子产品的收货人或者其代理人生产、进口的电器电子产品应当符合国家有关电器电子产品污染控制的规定，采用有利于资源综合利用和无害化处理的设计方案，使用无毒无害或者低毒低害以及便于回收利用的材料。

电器电子产品上或者产品说明书中应当按照规定提供有关有毒有害物质含量、回收处理提示性说明等信息。

第十一条 国家鼓励电器电子产品生产者自行或者委托销售者、维修机构、售后服务机构、废弃电器电子产品回收经营者回收废弃电器电子产品。电器电子产品销售者、维修机构、售后服务机构应当在其营业场所显著位置标注废弃电器电子产品回收处理提示性信息。

回收的废弃电器电子产品应当由有废弃电器电子产品处理资格的处理企业处理。

第十二条　废弃电器电子产品回收经营者应当采取多种方式为电器电子产品使用者提供方便、快捷的回收服务。

废弃电器电子产品回收经营者对回收的废弃电器电子产品进行处理，应当依照本条例规定取得废弃电器电子产品处理资格；未取得处理资格的，应当将回收的废弃电器电子产品交有废弃电器电子产品处理资格的处理企业处理。

回收的电器电子产品经过修复后销售的，必须符合保障人体健康和人身、财产安全等国家技术规范的强制性要求，并在显著位置标记为旧货。具体管理办法由国务院商务主管部门制定。

第十三条　机关、团体、企事业单位将废弃电器电子产品交有废弃电器电子产品处理资格的处理企业处理的，依照国家有关规定办理资产核销手续。

处理涉及国家秘密的废弃电器电子产品，依照国家保密规定办理。

第十四条　国家鼓励处理企业与相关电器电子产品生产者、销售者以及废弃电器电子产品回收经营者等建立长期合作关系，回收处理废弃电器电子产品。

第十五条　处理废弃电器电子产品，应当符合国家有关资源综合利用、环境保护、劳动安全和保障人体健康的要求。

禁止采用国家明令淘汰的技术和工艺处理废弃电器电子产品。

第十六条　处理企业应当建立废弃电器电子产品处理的日常环境监测制度。

第十七条　处理企业应当建立废弃电器电子产品的数据信息管理系统，向所在地的设区的市级人民政府环境保护主管部门报送废弃电器电子产品处理的基本数据和有关情况。废弃电器电子产品处理的基本数据的保存期限不得少于 3 年。

第十八条　处理企业处理废弃电器电子产品，依照国家有关规定享受税收优惠。

第十九条　回收、储存、运输、处理废弃电器电子产品的单位和个人，应当遵守国家有关环境保护和环境卫生管理的规定。

第三章　监督管理

第二十条　国务院资源综合利用、质量监督、环境保护、工业信息产业等主管部门，依照规定的职责制定废弃电器电子产品处理的相关政策和技术规范。

第二十一条 省级人民政府环境保护主管部门会同同级资源综合利用、商务、工业信息产业主管部门编制本地区废弃电器电子产品处理发展规划，报国务院环境保护主管部门备案。

地方人民政府应当将废弃电器电子产品回收处理基础设施建设纳入城乡规划。

第二十二条 取得废弃电器电子产品处理资格，依照《中华人民共和国公司登记管理条例》等规定办理登记并在其经营范围中注明废弃电器电子产品处理的企业，方可从事废弃电器电子产品处理活动。

除本条例第三十四条规定外，禁止未取得废弃电器电子产品处理资格的单位和个人处理废弃电器电子产品。

第二十三条 申请废弃电器电子产品处理资格，应当具备下列条件：

（一）具备完善的废弃电器电子产品处理设施；

（二）具有对不能完全处理的废弃电器电子产品的妥善利用或者处置方案；

（三）具有与所处理的废弃电器电子产品相适应的分拣、包装以及其他设备；

（四）具有相关安全、质量和环境保护专业技术的人员。

第二十四条 申请废弃电器电子产品处理资格，应当向所在地的设区的市级人民政府环境保护主管部门提交书面申请，并提供相关证明材料。受理申请的环境保护主管部门应当自收到完整的申请材料之日起 60 日内完成审查，做出准予许可或者不予许可的决定。

第二十五条 县级以上地方人民政府环境保护主管部门应当通过书面核查和实地检查等方式，加强对废弃电器电子产品处理活动的监督检查。

第二十六条 任何单位和个人都有权对违反本条例规定的行为向有关部门检举。有关部门应当为检举人保密，并依法及时处理。

第四章 法律责任

第二十七条 违反本条例规定，电器电子产品生产者、进口电器电子产品的收货人或者其代理人生产、进口的电器电子产品上或者产品说明书中未按照规定提供有关有毒有害物质含量、回收处理提示性说明等信息的，由县级以上地方人民政府产品质量监督部门责令限期改正，处 5 万元以下的罚款。

第二十八条　违反本条例规定，未取得废弃电器电子产品处理资格擅自从事废弃电器电子产品处理活动的，由工商行政管理机关依照《无照经营查处取缔办法》的规定予以处罚。

环境保护主管部门查出的，由县级以上人民政府环境保护主管部门责令停业、关闭，没收违法所得，并处 5 万元以上 50 万元以下的罚款。

第二十九条　违反本条例规定，采用国家明令淘汰的技术和工艺处理废弃电器电子产品的，由县级以上人民政府环境保护主管部门责令限期改正；情节严重的，由设区的市级人民政府环境保护主管部门依法暂停直至撤销其废弃电器电子产品处理资格。

第三十条　处理废弃电器电子产品造成环境污染的，由县级以上人民政府环境保护主管部门按照固体废物污染环境防治的有关规定予以处罚。

第三十一条　违反本条例规定，处理企业未建立废弃电器电子产品的数据信息管理系统，未按规定报送基本数据和有关情况或者报送基本数据、有关情况不真实，或者未按规定期限保存基本数据的，由所在地的设区的市级人民政府环境保护主管部门责令限期改正，可以处 5 万元以下的罚款。

第三十二条　违反本条例规定，处理企业未建立日常环境监测制度或者未开展日常环境监测的，由县级以上人民政府环境保护主管部门责令限期改正，可以处 5 万元以下的罚款。

第三十三条　违反本条例规定，有关行政主管部门的工作人员滥用职权、玩忽职守、徇私舞弊，构成犯罪的，依法追究刑事责任；尚不构成犯罪的，依法给予处分。

第五章　附　则

第三十四条　经省级人民政府批准，可以设立废弃电器电子产品集中处理场。废弃电器电子产品集中处理场应当具有完善的污染物集中处理设施，确保符合国家或者地方制定的污染物排放标准和固体废物污染环境防治技术标准，并应当遵守本条例的有关规定。

废弃电器电子产品集中处理场应当符合国家和当地工业区设置规划，与当地土地利用规划和城乡规划相协调，并应当加快实现产业升级。

第三十五条　本条例自 2011 年 1 月 1 日起施行。

附录 8

废弃电器电子产品处理基金征收使用管理办法

第一章　总　则

第一条　为了规范废弃电器电子产品处理基金征收使用管理，根据《废弃电器电子产品回收处理管理条例》（国务院令第 551 号，以下简称《条例》）的规定，制定本办法。

第二条　废弃电器电子产品处理基金（以下简称基金）是国家为促进废弃电器电子产品回收处理而设立的政府性基金。

第三条　基金全额上缴中央国库，纳入中央政府性基金预算管理，实行专款专用，年终结余结转下年度继续使用。

第二章　征收管理

第四条　电器电子产品生产者、进口电器电子产品的收货人或者其代理人应当按照本办法的规定履行基金缴纳义务。

电器电子产品生产者包括自主品牌生产企业和代工生产企业。

第五条　基金分别按照电器电子产品生产者销售、进口电器电子产品的收货人或者其代理人进口的电器电子产品数量定额征收。

第六条　纳入基金征收范围的电器电子产品按照《废弃电器电子产品处理目录》（以下简称《目录》）执行，具体征收范围和标准见附件。

第七条　财政部会同环境保护部、国家发展改革委、工业和信息化部根据废弃电器电子产品回收处理补贴资金的实际需要，在听取有关企业和行业协会意见的基础上，适时调整基金征收标准。

第八条　电器电子产品生产者应缴纳的基金，由国家税务局负责征收。进口电器电子产品的收货人或者其代理人应缴纳的基金，由海关负责征收。

第九条　电器电子产品生产者按季申报缴纳基金。

国家税务局对电器电子产品生产者征收基金，适用税收征收管理的规定。

第十条　进口电器电子产品的收货人或者其代理人在货物申报进口时缴纳基金。

海关对基金的征收缴库管理，按照关税征收缴库管理的规定执行。

第十一条　对采用有利于资源综合利用和无害化处理的设计方案以及使用环保和便于回收利用材料生产的电器电子产品，可以减征基金，具体办法由财政部会同环境保护部、国家发展改革委、工业和信息化部、税务总局、海关总署另行制定。

第十二条　电器电子产品生产者生产用于出口的电器电子产品免征基金，由电器电子产品生产者依据《中华人民共和国海关出口货物报关单》列明的出口产品名称和数量，向国家税务局申请从应缴纳基金的产品销售数量中扣除。

第十三条　电器电子产品生产者进口电器电子产品已缴纳基金的，国内销售时免征基金，由电器电子产品生产者依据《中华人民共和国海关进口货物报关单》和《进口废弃电器电子产品处理基金缴款书》列明的进口产品名称和数量，向国家税务局申请从应缴纳基金的产品销售数量中扣除。

第十四条　基金收入在政府收支分类科目中列 103 类 01 款 75 项"废弃电器电子产品处理基金收入"（新增）下的有关目级科目。

第十五条　未经国务院批准或者授权，任何地方、部门和单位不得擅自减免基金，不得改变基金征收对象、范围和标准。

第十六条　电器电子产品生产者、进口电器电子产品的收货人或者其代理人缴纳的基金计入生产经营成本，准予在计算应纳税所得额时扣除。

第三章　使用管理

第十七条　基金使用范围包括：

（一）废弃电器电子产品回收处理费用补贴；

（二）废弃电器电子产品回收处理和电器电子产品生产销售信息管理系统建设，以及相关信息采集发布支出；

（三）基金征收管理经费支出；

（四）经财政部批准与废弃电器电子产品回收处理相关的其他支出。

第十八条　依照《条例》和《废弃电器电子产品处理资格许可管理办法》（环境保护部令第 13 号）的规定取得废弃电器电子产品处理资格的企业（以下简称处理企业），对列入《目录》的废弃电器电子产品进行处理，可以申请基金补贴。

给予基金补贴的处理企业名单，由财政部、环境保护部会同国家发展改革委、工业和信息化部向社会公布。

第十九条　国家鼓励电器电子产品生产者自行回收处理列入《目录》的废弃电器电子产品。各省（区、市）环境保护主管部门在编制本地区废弃电器电子产品处理发展规划时，应当优先支持电器电子产品生产者设立处理企业。

第二十条　对处理企业按照实际完成拆解处理的废弃电器电子产品数量给予定额补贴。

基金补贴标准为：电视机 85 元/台、电冰箱 80 元/台、洗衣机 35 元/台、房间空调器 35 元/台、微型计算机 85 元/台。

上述实际完成拆解处理的废弃电器电子产品是指整机，不包括零部件或散件。

财政部会同环境保护部、国家发展改革委、工业和信息化部根据废弃电器电子产品回收处理成本变化情况，在听取有关企业和行业协会意见的基础上，适时调整基金补贴标准。

第二十一条　处理企业拆解处理废弃电器电子产品应当符合国家有关资源综合利用、环境保护的要求和相关技术规范，并按照环境保护部制定的审核办法核定废弃电器电子产品拆解处理数量后，方可获得基金补贴。

第二十二条　处理企业按季对完成拆解处理的废弃电器电子产品种类、数量进行统计，填写《废弃电器电子产品拆解处理情况表》，并在每个季度结束次月的 5 日前报送各省（区、市）环境保护主管部门。

第二十三条　处理企业报送《废弃电器电子产品拆解处理情况表》时，应当同时提供以下资料：

（一）废弃电器电子产品入库和出库记录报表；

（二）废弃电器电子产品拆解处理作业记录报表；

（三）废弃电器电子产品拆解产物出库和入库记录报表；

（四）废弃电器电子产品拆解产物销售凭证或处理证明。

相关报表和凭证按照环境保护部统一规定的格式报送。

第二十四条　各省（区、市）环境保护主管部门接到处理企业报送的《废弃电器电子产品拆解处理情况表》及相关资料后组织开展审核工作，并在每个季度结束次月的月底前将审核意见连同处理企业填写的《废弃电器电子产品拆解处理情况表》，以书面形式上报环境保护部。

环境保护部负责对各省（区、市）环境保护主管部门上报情况进行核实，确认每个处理企业完成拆解处理的废弃电器电子产品种类、数量，并汇总提交财政部。

财政部按照环境保护部提交的废弃电器电子产品拆解处理种类、数量和基金补贴标准，核定对每个处理企业补贴金额并支付资金。资金支付按照国库集中支付制度有关规定执行。

第二十五条　环境保护部、税务总局、海关总署等有关部门应当按照中央政府性基金预算编制的要求，编制年度基金支出预算，报财政部审核。

财政部应当按照预算管理规定审核基金支出预算并批复下达相关部门。

第二十六条　基金支出在政府收支分类科目中列 211 类 61 款"废弃电器电子产品处理基金支出"（新增）。

第四章　监督管理

第二十七条　电器电子产品生产者、进口电器电子产品的收货人或者其代理人应当分别向国家税务局、海关报送电器电子产品销售和进口的基本数据及情况，并按照规定申报缴纳基金，自觉接受国家税务局、海关的监督检查。

第二十八条　处理企业应当按照规定建立废弃电器电子产品的数据信息管理系统，跟踪记录废弃电器电子产品接收、贮存和处理，拆解产物出入库和销售，最终废弃物出入库和处理等信息，全面反映废弃电器电子产品在处理企业内部运转流程，并如实向环境保护等主管部门报送废弃电器电子产品回收和拆解处理的基本数据及情况。

第二十九条　处理企业申请基金补贴相关资料及记录废弃电器电子产品回

收和拆解处理情况的原始凭证应当妥善保存备查，保存期限不得少于 5 年。

第三十条 环境保护部和各省（区、市）环境保护主管部门应当建立健全基金补贴审核制度，通过数据系统比对、书面核查、实地检查等方式，加强废弃电器电子产品拆解处理的环保核查和数量审核，防止弄虚作假、虚报冒领补贴资金等行为的发生。

第三十一条 财政部会同环境保护部、国家发展改革委、工业和信息化部建立实时监控废弃电器电子产品回收处理和生产销售的信息管理系统（以下简称监控系统）。

处理企业和电器电子产品生产者应当配合有关部门建立监控系统。处理企业建立的废弃电器电子产品数据信息管理系统应当与监控系统对接。电器电子产品生产者应当按照建立监控系统的要求，登记企业信息并报送电器电子产品生产销售情况。

第三十二条 财政部、审计署、环境保护部、国家发展改革委、工业和信息化部、税务总局、海关总署应当按照职责加强对基金缴纳、使用情况的监督检查，依法对基金违法违规行为进行处理、处罚。

第三十三条 有关行业协会应当协助环境保护主管部门和财政部门做好废弃电器电子产品拆解处理种类、数量的审核工作。

第三十四条 环境保护部和各省（区、市）环境保护主管部门应当分别公开全国和本地区处理企业拆解处理废弃电器电子产品及接受基金补贴情况，接受公众监督。

任何单位和个人有权监督和举报基金缴纳和使用中的违法违规问题。有关部门应当按照职责分工对单位和个人举报投诉的问题进行调查和处理。

第五章　法律责任

第三十五条 单位和个人有下列情形之一的，依照《财政违法行为处罚处分条例》（国务院令第 427 号）和《违反行政事业性收费和罚没收入收支两条线管理规定行政处分暂行规定》（国务院令第 281 号）等法律法规进行处理、处罚、处分；构成犯罪的，依法追究刑事责任：

（一）未经国务院批准或者授权，擅自减免基金或者改变基金征收范围、对象和标准的；

（二）以虚报、冒领等手段骗取基金补贴的；

（三）滞留、截留、挪用基金的；

（四）其他违反政府性基金管理规定的行为。

处理企业有第一款第（二）项行为的，取消给予基金补贴的资格，并向社会公示。

第三十六条　电器电子产品生产者违反基金征收管理规定的，由国家税务局比照税收违法行为予以行政处罚。进口电器电子产品的收货人或者其代理人违反基金征收管理规定的，由海关比照关税违法行为予以行政处罚。

第三十七条　基金征收、使用管理有关部门的工作人员违反本办法规定，在基金征收和使用管理工作中滥用职权、玩忽职守、徇私舞弊，构成犯罪的，依法追究刑事责任；尚不构成犯罪的，依法给予处分。

第六章　附　则

第三十八条　本办法由财政部、环境保护部、国家发展改革委、工业和信息化部、税务总局、海关总署负责解释。

第三十九条　本办法自 2012 年 7 月 1 日起执行。

附件：1. 对电器电子产品生产者征收基金的产品范围和征收标准

2. 对进口电器电子产品征收基金适用的商品名称、海关税则号列和征收标准（2012 年版）

附件1：

对电器电子产品生产者征收基金的产品范围和征收标准

序号	产品种类	产品范围	征收标准（元/台）
1	电视机	阴极射线管（黑白、彩色）电视机	13
		液晶电视机	13
		等离子电视机	13
		背投电视机	13
		其他用于接收信号并还原出图像及伴音的终端设备	13
2	电冰箱	冷藏冷冻箱（柜）	12
		冷藏箱（柜）	12
		冷冻箱（柜）	12
		其他具有制冷系统、消耗能量以获取冷量的隔热箱体	12
3	洗衣机	波轮式洗衣机	7
		滚筒式洗衣机	7
		搅拌式洗衣机	7
		脱水机	7
		其他依靠机械作用洗涤衣物（含兼有干衣功能）的器具	7
4	房间空调器	整体式空调（窗机、穿墙机等）	7
		分体式空调（分体壁挂、分体柜机等）	7
		一拖多空调器	7
		其他制冷量在14000W及以下的房间空气调节器具	7
5	微型计算机	台式微型计算机的显示器	10
		主机、显示器一体形式的台式微型计算机	10
		便携式微型计算机（含平板电脑、掌上电脑）	10
		其他信息事务处理实体	10

注：对电器电子产品生产者销售台式微型计算机整机不征收基金，但台式微型计算机显示器生产者将其生产的显示器组装成计算机整机销售的除外。对台式微型计算机显示器生产者组装的计算机整机按照10元/台的标准征收基金。

附件 2:

对进口电器电子产品征收基金适用的商品名称、
海关税则号列和征收标准（2012 年版）

序号	产品种类	商品名称	税则号列	征收标准（元/台）
1	电视机	其他彩色的模拟电视接收机,带阴极射线显像管的	85287211	13
		其他彩色的数字电视接收机,阴极射线显像管的	85287212	13
		其他彩色的电视接收机,阴极射线显像管的	85287219	13
		彩色的液晶显示器的模拟电视接收机	85287221	13
		彩色的液晶显示器的数字电视接收机	85287222	13
		其他彩色的液晶显示器的电视接收机	85287229	13
		彩色的等离子显示器的模拟电视接收机	85287231	13
		彩色的等离子显示器的数字电视接收机	85287232	13
		其他彩色的等离子显示器的电视接收机	85287239	13
		其他彩色的模拟电视接收机	85287291	13
		其他彩色的数字电视接收机	85287292	13
		其他彩色的电视接收机	85287299	13
		黑白或其他单色的电视接收机	85287300	13
2	电冰箱	容积＞500L 冷藏—冷冻组合机（各自装有单独外门的）	84181010	12
		200L＜容积≤500L 冷藏—冷冻组合机（各自装有单独外门的）	84181020	12
		容积≤200L 冷藏—冷冻组合机（各自装有单独外门的）	84181030	12
		容积＞150L 压缩式家用型冷藏箱	84182110	12
		压缩式家用型冷藏箱(50L＜容积≤150L)	84182120	12
		容积≤50L 压缩式家用型冷藏箱	84182130	12
		半导体制冷式家用型冷藏箱	84182910	12
		电气吸收式家用型冷藏箱	84182920	12
		其他家用型冷藏箱	84182990	12
		制冷温度＞－40℃ 小的其他柜式冷冻箱（小的指容积≤500L）	84183029	12
		制冷温度＞－40℃ 小的立式冷冻箱（小的指容积≤500L）	84184029	12

序号	产品种类	商品名称	税则号列	征收标准（元/台）
3	洗衣机	干衣量≤10kg 全自动波轮式洗衣机	84501110	7
		干衣量≤10kg 全自动滚筒式洗衣机	84501120	7
		其他干衣量≤10kg 全自动洗衣机	84501190	7
		装有离心甩干机的非全自动洗衣机（干衣量≤10kg）	84501200	7
		干衣量≤10kg 的其他洗衣机	84501900	7
4	房间空调器	独立窗式或壁式空气调节器（装有电扇及调温、调湿装置，包括不能单独调湿的空调器）	84151010	7
		制冷量≤4000 大卡/时分体式空调，窗式或壁式（装有电扇及调温、调湿装置，包括不能单独调湿的空调器）	84151021	7
		4000 大卡/时＜制冷量≤12046 大卡/时（14000W）分体式空调，窗式或壁式（装有电扇及调温、调湿装置，包括不能单独调湿的空调器）	ex84151022	7
		制冷量≤4000 大卡/时热泵式空调器（装有制冷装置及一个冷热循环换向阀的）	84158110	7
		4000 大卡/时＜制冷量≤12046 大卡/时（14000W）热泵式空调器（装有制冷装置及一个冷热循环换向阀的）	ex84158120	7
		制冷量≤4000 大卡/时的其他空调器（仅装有制冷装置，而无冷热循环装置的）	84158210	7
		4000 大卡/时＜制冷量≤12046 大卡/时（14000W）的其他空调（仅装有制冷装置，而无冷热循环装置的）	ex84158220	7
5	微型计算机	便携式自动数据处理设备（重量≤10kg，至少由一个中央处理器、键盘和显示器组成）	84713000	10
		微型机	84714140	10
		以系统形式报验的微型机	84714940	10
		含显示器的微型机的处理部件	ex84715040	10
		专用或主要用于 84.71 商品的阴极射线管监视器	85284100	10
		专用或主要用于 84.71 商品的液晶监视器	85285110	10
		其他专用或主要用于 84.71 商品的监视器	85285190	10
		其他彩色的监视器	85285910	10
		其他单色的监视器	85285990	10

参 考 文 献

［1］ Castells M （1991）. *The Informational City：Information，Technology，Economic Restructuring and the Urban-Regional Process*. Oxford：Blackwell.

［2］ Castells M(2000). *The Rise of Network Society*(second edition). Oxford：Blackwell.

［3］ Curry J，Kenney M(1999). Beating the Clock：Corporate Responses to Rapid Change in the *PC* Industry. *California Management Review*，42（1），pp. 8—37.

［4］ Dicken P(1998). Global Shift：Transforming the World Economy. 3rd ed. New York：Guilford Press.

［5］ Byster L(2001). Poison PC's The growing environmental problem. Silicon Valley Toxics Coalition.

［6］ Skilling J（2001）. Coming Clean：Who Pays for Computer Recycling，CNET. COM，Tech News，at http：// news. cnet. com/news/0-1006-201-5787986-l. html.

［7］ SVTC(2001). Just Say No to E-waste：Background document on hazardous and waste from computers. at http：// www. svtc. org.

［8］ Puckett J and Byster L，el(2002). Exporting Harm：The High-Tech Trashing of Asia . BAN and SVTC.

［9］ Ginsburg J(2001). Manufacturing：Once Is Not Enough. BusinessWeek on-line，at http：// www. businessweek. com/magazine/content/01 _ 16/b3728105. htm/.

［10］ 新华网（2003）. 中国电子信息产品制造业产业规模世界第三. 来自 http：// www. xinhuanet. com，2003 年 1 月 20 日.

［11］ 吴峰（2001）. 电子废弃物的环境管理与处置技术初探. 中国环保产业，第 2 期，第 38—39 页.

［12］ 童昕（2002）. 电子废弃物资源化利用的现状及发展. 科技导报，170，第 59—61 页.

［13］ UNDP(2002). China Human Development Report 2002：Making Green Development a

Choice. Hong Kong：Oxford University Press(China).

[14] Li S C(2000). App. roaches to improve the recycling of municipal solid wastes in China. Sinosphere, 3(1). At http：//www. chinaenvironment. net.

[15] 孙炳彦（2000）.90 年代初期中国污染损失估算和思考. 面向 21 世纪的环境科学与可持续发展. 北京：科学出版社.

[16] Goldman T L(1997). Recycling as economic development：towards a framework for strategic material planning. Department of city and regional planning, University of California at Berkely, at http：//ist-socrates. berkeley. edu/-tgoldman/.

[17] 曲格平 (2000). 循环经济与环境保护. 光明日报，2000 年 11 月 20 日.

[18] 周爱国 (2002). 循环经济：经济的生态化转向. 湖北社会科学，第 2 期，第 39—41 页.

[19] 李树 (2002). 循环经济：我国社会经济发展模式的必然选择. 理论导刊，第 6 期，第 31—33 页.

[20] 周宏春 (2002). 循环经济大有可为. 经济日报，2002 年 9 月 9 日.

[21] Harvey D(1974). Population, resources, and the ideology of sciences. *Economic Geography*, 50, pp. 256—277.

[22] World Resources Institute(1998). *World Resources 1998—1999*. New York：Oxford Univ. Press.

[23] Pearce D W, Turner R K(1990). *Economics of Natural Resources and the Environment*. Hemel Hempstead：Harvester Wheatsheaf.

[24] Strasser S(1999), *Waste and Want：a Social History of Trash*. New York：Metropolitan Books.

[25] Wernick I K, Herman R, Govind S, and Ausubel J(1996). Materialization and dematerialization：Measures and trends. *Daedalus*, 125, pp. 171—198.

[26] Schipp. er L, Ting M, Khrushch M, Unander F, el. (1996). The evolution og Carbon Dioxide Emissions from Energy Use in Industrialized Countries. *International Social Science Journal*, 121, pp. 347—361.

[27] Considine T J(1991). Economic and technological determinants of the materials intensity of use. *Land Economics*, 67, pp. 99—115.

[28] Malenbaum W(1978). *World Demand for Raw Materials in 1985 and 2000*. New York：McGraw-Hill.

[29] Tilton J E (1990). *World Metal Demand, Trends and Prospects*. Washington：Resources for the Future.

[30] Jaffe A, Peterson S, Portney P, and Stavins R(1995). Environmental Regulation and

the Competitiveness of US Manufacturing：what does the evidence tell us? *Journal of Economic Literature*，33，pp. 132—62.

[31] Florida R(1996)Lean and green：The move to environmentally conscious manufacturing. *California Management Review*；39(1)，第 80—105 页.

[32] Schmidt-Bleek F (1994). *Carnoules Declaration of the Factor Ten Club*. Wupp. ertal Institute.

[33] Slater D(1997). *Consumer Culture and Modernity*. Cambridge：Polity.

[34] Featherstone M(1992). *Consumer Culture and Postmodernism*. London：Sage.

[35] 国家环保总局（2001），ISO 14000 企业统计资料，来自国家环保总局网站.

[36] 戈尔 A(1997). 濒临失衡的地球：生态与人类精神. 陈嘉映等译. 北京：中央编译出版社.

[37] 科恩 R，肯尼迪 P(2001). 全球社会学. 文军等译. 北京：社会科学文献出版社.

[38] 黄英娜，叶平（2001).20 世纪末西方生态现代化思想述评. 国外社会科学，第 4 期，第 2—9 页.

[39] Gabor D，Colombo U et al(1976). *Beyond the Age of Waste，A Report to the Club of Rome*. Oxford，Pergamon.

[40] Boulding K(1966). The Economics of the coming spaceship earth. In Jarrett H(ed.)，*Environmental Quality in a Growing Economy*. Baltimore：John Hopkins University Press.

[41] 皮尔斯 D(1996). 绿色经济蓝图：衡量可持续发展. 李巍等译. 北京：北京师范大学出版社.

[42] 诸大建（2001). 绿色前沿译丛总序. 上海：上海译文出版社.

[43] 魏茨察克 E V 等（2001). 四倍跃进：一半的资源消耗创造双倍的财富. 北京：中华工商联合出版社.

[44] Davoudi S(2000). Planning for Waste Management：discourses and institutional relationships. *Progress in Planning*，(53)，pp. 165—216.

[45] Anderberg S(1998). Industrial metabolism and the linkages between economics，ethics and the environment. *Ecological Economics*，(24)，311—320.

[46] Elkington J，Hailes J(1993). *The LCA Sourcebook：a European business guide to life-cycle assessment*. London：Sustainability.

[47] Ayres R U(1995). Life cycle analysis：A critique. *Resources，Conservation Recycling*，14，pp. 199—223.

[48] Barnthouse L et al. (1998) *Life-cycle Impact Assessment：The State-of-the-Art*. 2nd

ed. Society for Environmental Toxicology and Chemistry. Florida：Pensacola.

[49] 王寿兵，胡眈，吴千红 (1999). 生命周期评价及其在环境管理中的应用. 中国环境科学，19 (1)，第 77—80 页.

[50] 孙启宏，万年青，范与华 (2000). 国外生命周期评价研究综述. 世界标准化与质量管理，第 12 期，第 24—25 页.

[51] European Environment Agency (1998). *Life Cycle Assessment (LCA)-A guide to app. roaches, experiences and information sources.*

[52] McDonough W, Braungart M(2002). *Cradle to cradle：Remaking the Way We Make Things.* New York：North Point Press.

[53] Berkhout F, Howes R(1997). The adoption of life-cycle app. roaches by industry：patterns and impacts. *Resources, Conservation Recycling*, 20, pp. 71—94.

[54] CMU(1991). *Design Issues in Waste Avoidance.* Carnegie Mellon University Department of Engineering and Public Policy.

[55] Blazek M, Carlson J, DeBartolo M(1998). Life cycle management of personal computers in a service company. Proceedings of the 1998 IEEE International Symposium on Electronics and the Environment. Piscatoway, NJ：IEEE, pp. 275—279.

[56] Bellmann K and Khare A (2000). Economic issues in recycling end-of-life vehicles. *Technovation 20*, pp. 677—690.

[57] National Research Council (1991). *Improving Engineering Design：Designing for Competitive Advantage.* Washington DC：National Academy Press.

[58] 埃尔克曼 S(1999). 工业生态学：怎样实施超工业化社会的可持续发展. 徐兴元译. 北京：经济日报出版社.

[59] 童昕，王缉慈，李天宏 (2000). 论可持续发展与生态工业革命. 科技导报，142，第 6—10 页.

[60] Nagel C, Meyer P(1999). Caught between Ecology and Economy：end-of-life aspects of environmentally conscious manufacturing. *Computers and Industrial Engineering*, (36), pp. 781—796.

[61] Graedel T, Allenby B R (1995). *Industrial Ecology.* Upp. er Saddle River, NJ：Prentice Hall.

[62] Andrews C J (1999). Putting industrial ecology into place：Evolving roles for planners. *Journal of American Planning Association*, 65, pp. 364—75.

[63] Freeman C(1974). *The Economics of Industrial Innovation.* Penguin, Harmondsworth.

[64] Turner K R(2000). Markets and Environmental Quality. In *The Oxford handbook of*

economic geography，edited by Clark G L，Feldman M P，and Gertler M S. New York：Oxford University Press，pp. 585—606.

[65] Coase R(1937). The nature of the firm. *Economica*，4，pp. 386—405.

[66] Williamson O E(1979). Transaction cost economics：The governance of contractual relations. *Journal of Law and Economics*，22，pp. 233—61.

[67] Shugart W F(1990). *The Organization of Industry*. Boston，MA：BPI-Irwin.

[68] Andrews，C J and Swain，M(2001). Institutional factors affecting life-cycle impacts of microcomputers. *Resources，Conservation and Recycling*，(31)，pp. 171—188.

[69] Coase R(1960). The Problem of Social Cost. *Journal of Law and Economics*，(10).

[70] Williamson O E. *The Economic Institutions of Capitalism*. New York：Free Press，1985.

[71] 史普博 D F(1999). 管制与市场. 余晖等译. 上海：上海三联书店.

[72] 中国经济时报 (2002). 科斯定理能否解决我国环保难题. 2002 年 7 月 27 日.

[73] Angel D P(2000). Environmental Innovation and Regulation. In *The Oxford handbook of economic geography*，edited by Clark G L，Feldman M P，and Gertler M S. New York：Oxford University Press，pp. 607—622.

[74] Hajer M(1995). *The Politics of Environmental Discourse：Ecological Modernization and the policy Process*. Oxford：Clarendon.

[75] Mol A (1996). Ecological modernization and institutional reflexivity：environmental reform in the late modern age. *Environmental Politics*，5，pp. 302—323.

[76] Dewitt J (1994). *Civic Environmentalism：Alternatives to Regulaiton in States and Communities*. Washington：Congressional Quarterly.

[77] OECD(1997). *Reforming Industrial Regulation in OECD Countries*. Paris：OECD.

[78] World Resources Institute (2002). *Closing the Gap：Information，Participation and Justice in decision-making for the environment*. Washington DC：WRI.

[79] Welford R (1995). *Environmental Strategy and Sustainable Development*. London：Routledge.

[80] Harvey D(1999). The Environment of Justic. In Fischer F and Hajer M ed. *Living with Nature：Environmental Politics as Cultural Discourse*. Oxford：Oxford University Press.

[81] Gibbs D，Healey M (1997). Industrial geography and the environment. *App. lied Geography*，17：193—201.

[82] Lipietz，A (1992). *Towards a New Economic Order：Postfordism，Ecology and*

Democracy. Cambridge：Polity Press.

[83] Chapman K，Walker D（1987）. *Industrial Location：Principles and Policies*. New York：Basil Blackwell Ltd.

[84] Hayter R（1997）. *The Dynamics of Industrial Location：the Factory，the Firm and the Production System*. New York：John Wiley & Sons.

[85] Soyez D（2002）. Environmental Knowledge, the Power of Framing and Industrial Change. *Knowledge，Industry and Environment：Institutions and innovation in territorial perspective*. Edited by Hayter R el. New York：Ashgate，pp. 187—208.

[86] 李小建（1999）. 改革开放以来中国工业地理研究进展. 地理科学，19(4)，第 332—337 页.

[87] 陆大道，刘毅，樊杰（1999）. 我国区域政策实施效果与区域发展的基本态势. 地理学报，54(6)，第 496—508 页.

[88] 魏心镇（1982）. 工业地理学. 北京：北京大学出版社.

[89] 于振汉（1986）. 工业结构与布局对区域环境的影响. 地理科学，6 (4)，第 314—321 页.

[90] 陈栋生（1982）. 环境经济学与生态经济学文选. 南宁：广西人民出版社.

[91] 牛文元（1992）. "持续发展"的理论与实践. 地理知识，第 5 期，第 25—26 页.

[92] 陆大道（1994）. 经济地理学与持续发展研究. 地理学报，49(增刊)，第 723—728 页.

[93] 章申等（1994）. 笔谈：持续发展与地理学. 地理学报，49(2)，第 97—106 页.

[94] 刘盛佳（1995）. 持续发展与地理学之管见. 地理科学，15(4)，第 358—367 页.

[95] 胡序威，毛汉英，陆大道（1995）. 中国沿海地区可持续发展问题与对策. 地理学报，50(1)，第 1—12 页.

[96] 王缉慈（1994）. 现代工业地理. 北京：北京大学出版社.

[97] 李小建（2001）. 区域可持续发展的三个新观点. 河南大学学报，31(4)，第 56—58 页.

[98] 童昕，王缉慈，李天宏（2001）. 特色产业区规划要引入生态工业思想. 浙江经济，2001 年第 12 期，第 32—33 页.

[99] 杨咏（2000）. 生态工业园区述评. 经济地理，20(4)，第 31—35 页.

[100] 刘力，郑京淑（2001）. 产业生态研究与生态工业园开发模式初探. 经济地理，25(5)，第 620—623 页.

[101] 肖焰恒，陈艳（2001）. 生态工业理论及其模式实现途径探讨. 人口、资源与环境，11(1)，第 100—103 页.

[102] 陈万灵（2001）. 组织制度创新：生态工业发展的动力. 人口、资源与环境，11(4)，第 114—117 页.

[103] 童昕，王缉慈（1999）. 硅谷、新竹、东莞——透视 IT 产业全球生产网络. 科技导

报，135，第 14—17 页.

[104] 杨青山，徐效坡，王荣成（2002）. 工业生态学理论与城市生态工业园区规划设计研究——以吉林九台市为例. 经济地理，22(5)，第 585—588 页.

[105] 郎一环，沈镭（2002）. 垃圾资源化的理论探讨. 资源科学，24(2)，第 12—16 页.

[106] Hirst P，Thompson G(1996). *Globalization in Question：The International Economy and the Possibilities of Governance*. Cambridge：Polity Press.

[107] 赫尔德 D 等（2001）. 全球大变革：全球化时代的政治、经济与文化. 杨雪冬等译. 北京：社会科学文献出版社.

[108] Beukering P J H(2001)，*Recycling，International Trade and the Environment：a Empirical Analysis*. Dordrecht：Kluwer Academic Publishers.

[109] UNCTAD(2002). Report of the Workshop on Building National Capacity in Rapidly Industrializing Countries on Sustainable Management of Recoverable Material/ Resources. Retrieved from http：// www. unctad. org.

[110] Dosi G，Freeman C，Nelson R，Silverberg，G and Soete L(1988). *Technical Change and Economic Theory*. London：Frances Pinter.

[111] Vernon R(1966). International investment and international trade in the product cycle. *Quarterly Journal of Economics*，80，pp. 190—207.

[112] Porter M(1990). *The Competitive Advantage of Nations*. New York：The Free Press.

[113] Porter M，Linde C(1996). Towards a New Conception of the Environment-Competitiveness Relationship. *Journal of Economics Perspectives*，9(4)：pp. 97—118.

[114] Lall S(1992). Technological Capabilities and Industrialization. *World Development 2* (20)，pp. 165—186.

[115] Bell M and Albu M(1999). Knowledge Systems and Technological Dynamism in Industrial Clusters in Developing Countries，*World Development*，27(9)，pp. 1715—1734.

[116] Low P(1992). *International Trade and the Environment*. Washington DC：World Bank.

[117] Lang T，Hines C(1994). *The New Protectionism*，London：Earthscan.

[118] Turner B L，Clark W C，Kates R W，Richards J F，Mathews J T，and Meyer W T (1990). *The Earth as Transformed by Human Action*. Cambridge：Cambridge University Press.

[119] World Bank（2002）. Globalization，Growth，and Poverty. in *World Bank Policy Research Report* 2002. Washington DC：World Bank.

[120] Xian G, Zhang C, et al. (1999) The Interface Between Foreign Direct Investment and the Environment: The Case of China. *Cross Border Environmental Management in Transnational Corporation.* Apr. , pp. 22.

[121] Wheeler D(2000). *Racing to the bottom? Foreign Investment and Air Quality in Developing Countries.* Washington DC: world Bank.

[122] Fujita M, Krugman P, Venables J A(1999). *The Spatial Economy.* Cambridge, MA: MIT Press.

[123] Krugman P(1996). *Development, Geography, and Economic Theory.* Cambridge, MA: MIT Press.

[124] Porter M(2000). Location, competition, and economic development: Local clusters in a global economy, *Economic Development Quarterly*, 14(1): pp. 15—34.

[125] 王缉慈 (2001). 创新的空间. 北京: 北京大学出版社.

[126] UNCTAD. *World Investment Report* 2001: *Promoting Linkages.* New York and Geneva, 2001.

[127] Hoffmann U(1999). Requirements for environmentally sound and economically viable management of lead in the wake of trade restrictions on secondary lead by Decision III/ 1 of the Basel Convention: the case of used lead batteries in the Philipp. ines, Geneva: UNCTAD.

[128] AEA Technology(1997). Recovery of WEEE: Economic and Environmental Impacts . Final Report. A report produced for European Commission.

[129] EC(1998). Proposal for Directive of the European Parliament and of the Council on Waste Electrical and Electronic Equipment. First draft. Brussels: Commission of the European Communities.

[130] EC(2000a). Proposal for Directive of the European Parliament and of the Council on Waste Electrical and Electronic Equipment. Brussels: Commission of the European Communities.

[131] EC(2000b). Proposal for Directive of the European Parliament and of the Council on the restriction of the use of certain hazardous substances in electrical and electronic equipment. Brussels: Commission of the European Communities.

[132] Enviros RIS(2000). Information Technology and Telecommunication Waste in Canada. Report for Environment Canada.

[133] National Safety Council, (1999) Electronic Product Recovery and Recycling Baseline Report: Recycling of Selected Electronic Products in the United States.

［134］ Russ A，（2000）Ready for Recycling? *Electronic Business*，*The Management Maga-zine for the Electronics Industry*，November 2000.

［135］ Volk E(1999). Electronics Recycling：How to Recycle End-of-Life Electronic Equip-ment，Mar. 1999，available at http：// www. geocities. com/ResearchTriangle/Lab/2277/preface. html.

［136］ Zhang S and Forssberg E(1997). Mechanical Separation-oriented Characterization of Electronics Scrap. *Resources，Conversation and Recycling*，(21)，pp. 247—269.

［137］ Dillon P S and Aqua E N(2000). Recycling Market Development for Engineering Ther-moplastics from Used Electronic Equipment. Chelsea：Technical Report of Chelsea Center for Recycling and Economic Development.

［138］ Fisher M M，Biddle M B，el. (2000). Characterization and Processing of Plastics from Minnesota's Demonstration Project for the Recovery of End-of-life Electronics. Paper presented at ACR 2000.

［139］ BSEF（2000）. An Introduction of Brominated Flame Retardants. at http：// www. bsef. com.

［140］ 刘仁志（2002）. 用于印制线路板的环保材料和工艺. 电镀与精饰，24(1)，第8—11页.

［141］ 祝大同（2001）. 无卤化 PCB 基板材料的新发展. 印制电路信息，(3)，第13—17页.

［142］ Townsend T(1999). Characterization of Lead Leachability from Cathode Ray Tubes using the Toxicity Characteristic Leaching Procedure.

［143］ California Against Waste(2002). Poison PCs and Toxic TVs. http：// www. cawrecy-cles. org.

［144］ Aktiff C(2002). Is this Ban Really Necessary? A Critical Investigation of the CRT Ban. Solid Waste Association of North American(SWANA)Western Regional Symposi-um. Lake Tahoe，NV，May 13—16，2002. at http：// www. westp2net. org.

［145］ MCC(1996). *Electronics Industry Environmental Roadmap*. Austin：TX.

［146］ Fiksel J，Cook K，and Roberts S(1996). Design for Environment at App. le Comput-er：A Case Study of the Power Macintosh 7200. Presented at the May 1996 Interna-tional Symposium on Electronics & the Environment in Dallas，Texas.

［147］ Matthew(2002). EU bans "clever chips" in printer cartridges：by 2006 EU manufacturers will have to adhere to new recycling laws and printer cartridges will have to be reusable. at http：// www. geek. com/news/geeknews/2002Dec/gee20021223017885. htm.

［148］ 毛江华（2002）. 墨盒标准之争的内与外——中国耗材业现状. 计算机世界，2003 年 1 月 22 日.

[149] Belensky L T(1995). Cradle to Border：U. S. Hazardous Waste Export Regulations and International Law. *Berkeley Journal of International Law*，17，pp. 95—106.

[150] Ingenthron R(2002). Exports of Scrap Electronics-Situations，Principles，and Standards. at http：// www. electronicycle. com/pdf/RetroworksExportP1. PDF

[151] Kellow A(1999). Baptists and bootleggers? The Basel Convention and metals recycling trade. *Agenda* 6 (1)，pp. 29—38.

[152] Davis C(1993). *The Politics of Hazardous Waste*. Englewood Cliffs：Prentice Hall.

[153] Greenpeace(1993). *The International Trade in Toxic Waste：An International Inventory*. Washington：Greenpeace International.

[154] 国家环保局污控司编 （2002）. 危险废物环境管理与安全处置：巴塞尔公约全书. 北京：化学工业出版社.

[155] Lin C K，Yan L，and Davis A N. (2002). Globalization，extended producer responsibility and the problem of discarded computers in China：An exploratory proposal for environmental protection. *Georgetown International Environmental Law Review*，14 (3)，pp. 525—576.

[156] Gandy M(1994). *Recycling and the politics of Urban Waste*. New York：St. Martin's Press.

[157] Weinberg A S，Pellow D N，and Schnaiberg A（2000）. *Urban Recycling and the Search for Sustainable Community Development*. Princeton：Princeton University Press.

[158] 罗勇，曾晓非 （2002）. 环境保护的经济手段. 北京：北京大学出版社.

[159] OECD（1972）. *Guiding Principles Concerning International Economic Aspects of Environmental Policies*. Paris：OECD.

[160] EC（1998）. Integrated Product Policy：A study analyzing national and international developments with regard to Integrated Product Policy in the environment field and providing elements for an EC policy in this area. Brussels：Commission of the European Communities.

[161] OECD(2001a). *Green Paper on Integrated Product Policy*. Paris：OECD.

[162] OECD(2001b). *Extended Producer Responsibility，a Guidance Manual for Governments*. Paris：OECD.

[163] World Bank(ed)(1999)，*Green Industry. New Roles for Communities，Markets，and Government*，Oxford University Press，Oxford.

[164] Lindhqvist T(2000). *Extended Producer Responsibility in Cleaner Production*. Lund：

Lund University Press.

[165] Fonnveden G, Palm V(2002). Rethinking extended producer responsibility. *International Journal of Life-cycle Analysis*, 7(2), pp. 61.

[166] 孙亚锋，韦家旭（2002）. 浅述日本生产者责任扩大的选择. 经济师，2002 年第 4 期，第 92—93 页.

[167] Mayers K, France C(1999). Meeting the 'Producer Responsibility' Challenge: The Management of Waste Electrical and Electronic Equipment in the UK. *Greener Management International*, Spring, pp. 51—66.

[168] Raymond Communication(2002). Electronics Recycling: What to Expected from Global Mandates. At http: // www. raymond. com.

[169] Bushnell S, Salemink A(2000). Voluntary Asset Recovery Programs for Used Electronics and the Role of ESM. Presented on Second OECD Workshop on Environmentally Sound Management of Wastes Destined for Recovery Operations in Vienna, Austria, 28—29 September 2000.

[170] Walls M, Palmer K(1998). Extended Producer Responsibility: An Economic Assessment of Alternative Policies. OECD ERP Workshop in Washington D. C.

[171] Stevels A L N, Ram A A P, el. (1999). Take-back of discarded consumer electronic products from the perspective of producer condition of success. *Journal of Cleaner Production*, (7), pp. 383—389.

[172] EC(2002b). Environmentally friendly end use equipment-proposal for an EuE Directive.

[173] Tojo N(2002). Extended Producer Responsibilities Legislation for Electrical and Electronic Equipment-App. roaches in Asia and Europe. International Institute for Industrial Environmental Economics at Lund University, working paper. At http: // www. aprcp. org/articles/papers/tojo. htm.

[174] American Electronics Association(AEA)(1999). Position on the European Commission's draft directive on Waste from Electrical and Electronic Equipment.

[175] AeA, EIA, NEMA and SIA Position Paper on EEE(2001). At http: // europa. eu. int/comm/enterprise/electr _ equipment/eee/aea. pdf.

[176] Microelectronics and Computer Technology Corporation(MCC)(1993). *Environmental Consciousness: A Strategic Competitiveness Issue for the Electronics and Computer Industry*. Austin: TX.

[177] Global Futures Foundation, U. S. EPA(2001). Computers, E-Waste, and Product Stewardship: Is California Ready for the Challenge?, Report for the U. S. Environmental

Protection Agency, Region IX.

[178] Ecobalance(1999). *Analysis of Five Consumer/Community Residential Collections of End-of-life Electronic and Electrical Equipment.* Report to EPA.

[179] 蔡动雄（2000），环保问题对中国台湾电子产业竞争力的影响，永续发展组，第 089—007 号.

[180] Lee C H, Chang C T, Tsai S L(1998). Development and implementation of producer responsibility recycling system. *Resources, Conservation and Recycling* 24, pp. 121—135.

[181] Lee C H, Chang C T, Wang K M, el. (2000). Management of scrap computer recycling in Taiwan. *Journal of Hazardous Materials A*, 73, pp. 209—220.

[182] American Plastics Council(2000). Plastics from Residential Electronics Recycling: Report 2000. at http://www. americanplasticscouncil. org.

[183] 蔡艳秀，江博新（2002）. 中国台湾的废家用电器再利用. 中国资源综合利用，第 8 期.

[184] Silicon Valley Toxics Coalition(2001). Third Annual Computer Report Card. at http://www. svtc. org.

[185] Hanisch C(2000). Is Extended Producer Responsibility Effective? *Environmental Science and Technology*, 34(7), pp. 170—175.

[186] Yamaguchi M（2001）. Extended Producer Responsibility in Japan. JEMAI ECP Newsletter No. 19.

[187] OECD(1996). 发展中国家环境管理的经济手段. 北京：中国环境科学出版社.

[188] Biddle D（2001）. The Emerging Economy of Electronics Recycling. *Recycling Today*, Aug. 5th.

[189] 童昕，王缉慈（1999）. 硅谷、新竹、东莞——透视 IT 产业全球生产网络. 科技导报，135，第 14—17 页.

[190] 戴小龙（2002）. 目击：电脑洋垃圾流进中国以后. 电脑报. 2002 年 2 月 26 日.

[191] 武子栋. 记者暗访台州"洋垃圾"市场. 北京青年报，2002 年 3 月 20 日，第 22 版.

[192] 英捷（2002）. 暗访广东清远洋垃圾场，中国电子报，2002 年 4 月 25 日.

[193] 中央电视台（2002a）.《焦点访谈》：查堵垃圾电脑. 2002 年 5 月 18 日.

[194] 中央电视台（2002b）.《焦点访谈》：变废为利还是变废为祸. 2002 年 5 月 21 日.

[195] 秦京午（2002）. 中国环保总局通报报废电子电器产品环境管理情况. 人民日报海外版，2002 年 6 月 5 日.

[196] 国家环保局、对外贸易经济合作部、海关总署、国家工商局和国家商检局（1996），废物进口环境保护管理暂行规定.

[197] Hernandez A（2001）. Recycling E-waste: the life-cycle of computer. at http://

web. mit. edu/11. 369/www/11. 369-Projects-F01/Allison. pdf.

[198] 北京中色再生金属研究所，浙江嘉兴学院．长江三角洲地区废杂有色金属回收利用现状调查、环境影响分析及前景预测．国家环保总局软科学研究课题，2001.

[199] 中央电视台（2002c）．追踪报道：广东南海区彻底整治大沥制售假市场．2002年5月21日.

[200] 陈滟（2001）．广东出入境检验检疫局加大口岸把关力度防止电子"洋垃圾"入境．中国国门时报，2002年7月23日.

[201] 龚震（2001）．中国业内人士谈电子"洋垃圾"和危害及处理途径．国际商报，2002年8月13日.

[202] 刘克（2002）．太仓海关连续退运两批"洋垃圾"．人民网，2002年5月14日.

[203] 中央电视台（2002d）．《中国新闻》宁波海关采取综合举措严拒进口"电子垃圾"．2002年6月17日.

[204] 周炜，何玲玲（2002）．温州查获400吨电子洋垃圾已依法退运．人民日报，2002年9月16日.

[205] 金丹阳（2001）．再生资源产业的实践与探索．北京：中国环境科学出版社.

[206] Li S C(2002). Junk-buyer as linkages between waste sources and redemption depots in urban China: the case of Wuhan. *Resources, Conservation and Recycling*, 36, pp. 319—335.

[207] 张寒梅（2001）．城市拾荒人：对一个边缘群落生存状况的思考．贵阳：贵州人民出版社.

[208] 王保士（2001）．国家要加强对再生资源及其产业的统一管理和发展指导．再生资源产业的实践与探索．北京：中国环境科学出版社，第239—245页.

[209] 滕军力（2002）．再生资源回收利用前景广阔．中国物资再生信息网，http：//www. crra. com. cn.

[210] 国家经济贸易委员会（2002），再生资源回收与利用"十五"规划.

[211] 杜欢政，杨怡云（2000）对浙江路桥废旧金属市场的调查．中国资源综合利用，第6期.

[212] 杜欢政，项敏（2000）．浙江省金属再生资源（铜、铝、钢铁）利用状况．中国资源综合利用，第3期.

[213] 霍宇力，黄慧诚，袁效安（2002）．广东将在全国率先出台防治电子电器垃圾污染的法规．中新社，2002年12月6日.

[214] 中国经济时报（1995），高污染产业涌向中国占生产企业总数3成，集中分布在沿海地区．1995年2月28日.

[215] 深圳商报（2002）．新科开厂商回收废旧家电先例，推动市场更新换代．2002年

07 月 22 日.

[216] 财税〔2001〕78 号. 财政部, 国家税务总局关于废旧物资回收经营业务有关增值税政策的通知.

[217] 闫俊领 (2001). 浅谈废旧物资回收行业的新增值税政策. 中国资源综合利用, 第 6 期, 第 24—25 页.

后　记

本书脱胎于我的博士论文。说起当时的选题过程颇有戏剧性。我自 1998 年师从北京大学城市与环境学系王缉慈教授，主攻工业地理学。王老师对学术的要求是"顶天立地"："顶天"是指理论上要紧跟国际学术前沿，"立地"是指实践上要扎根中国现实。在这样一种学术氛围下，尽管那时互联网还不像今天这样发达，但国际文献的阅读训练已成为博士求学期间的重要内容。在确定博士论文选题之前，我参加了王缉慈教授主持的两个国家自然科学基金项目——"新产业区理论及其在我国的应用研究"和"微机产业的柔性生产综合体及其地方创新系统"。在前期文献阅读的基础上，王教授带领研究小组深入珠江三角洲的电子制造业基地，开展了广泛的实地调研。正是在这个调研的过程中，一个偶然的访谈触动了我。一家生产显示器的企业向我们抱怨市场竞争激烈，企业利润微薄，尽管年生产规模 30 万台，也只能勉强维持生存。可是附近进口废旧产品进行翻新生产的小作坊，一个月生产百八十台，也能活得很好。结束调研回京以后，恰好看到硅谷毒物联盟（SVTC）和巴塞尔行动组织（BAN）联合发布的长篇调查报告《输出危害：流向亚洲的高科技垃圾》，我一下子理解了访谈中所遇到的现象，其背后有着非常复杂的"全球—本地"联系。当时，我被强烈的好奇心驱使，想进一步探究这个问题，之前养成的文献习惯，使我很容易就通过网络查找到大量有关电子废物管理的国际文献，发现这个问题已经开始引起学术和政策领域的关注，但在工业地理领域还没有人研究。于是就有了这篇博士论文，以及后来十几年的学术功课。

博士毕业以后，我有幸留校任教，由于一直在这个领域追踪研究，也曾经考虑整理发表这篇博士论文。但是，由于这个领域在当时还是一个很新的课题，论文的结构过于松散，前半部分对国外相关研究的介绍与后半部分自己开展的实际调查资料之间存在一定程度的脱节，这个问题让我一直犹豫是否应该出版这样一部书籍。我也曾经尝试对论文结构做较大调整，补充新的内容。但是随着国内电子废物管理实践的逐步推进，现实的发展已经跟当时的理解和想象越来越疏远了，使我更加怀疑出版的价值。

SVTC 和 BAN 的调查报告和欧盟针对电子废物管理的双指令不仅引起我的注意，也引发国内企业和政府的积极关注。相关的研究主要集中在技术领域，包括应对 RoHS 的技术方案、电子废物拆解处理的技术设备、废物流的估算、回收中的逆向物流优化等。直到 2009 年 EPR 概念的创始者 Thomas Lindhqvist 博士所著的《清洁生产中的延伸生产者责任》一书被翻译成中文，才使中国读者可以更加全面地的了解这一制度在欧洲发展的社会经济背景。从这个角度来看，本书将 EPR 制度放到全球化和工业化发展模式的社会经济背景中，综合的考察制度建构对产业竞争态势和技术创新趋势的影响，直到今天仍然有其现实意义。

这本书也是我对一直以来支持我的老师、同仁的答谢。感谢我的导师王缉慈教授，她鼓励我们走出去，到现实世界中发现问题，使我能够在这个偏僻的学术小径上越走越远。感谢博士论文调研期间，接受我访谈的政府管理人员、专家学者和企业人士，给我提供了很多超越访谈内容以外的帮助。其中不少人成为我后来学术生涯中的好友和长期合作者。文中的很多思想灵感都来自他们开诚布公的交流。感谢中国电子废物综合利用工作委员会的杨东菁女士、国家环保部固废司钟斌先生、中国有色金属协会再生金属分会王吉位先生、宁波市再生资源产业园区周宁先生、中国家电研究所张友良先生和田晖女士在企业调研和资料搜集过程中给予的帮助。感谢信息产业部基础装备研究所的杨淑芬老师和严明霞老师提供的资料和开诚布公的交流。西方学术同行的书籍一般将致谢放在正文的前面，表达对支持者的敬意。而按照国内学术论文的传统，致谢通常放在论文的末尾，表达的是对未来的期待与展望。恰如这本书，兴起于一个大胆的冒险之旅，但终于成为一个深思熟虑的开始。

童　昕

2014 年 12 月 24 日于智学苑